U0423917

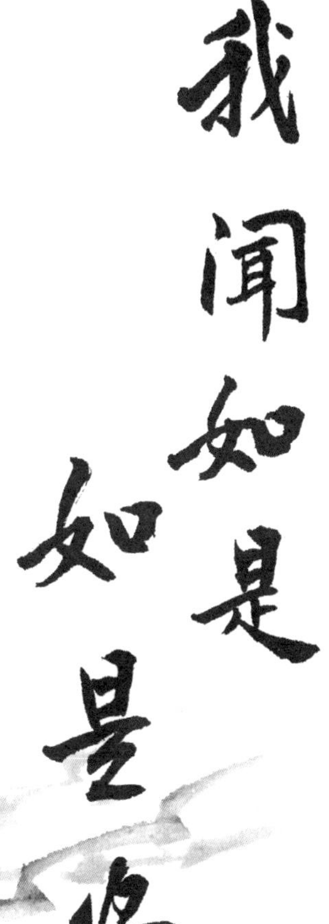

每日朋友圈开导，
在欢喜自在中善护念，
慢生活慢下去！

◎慧端 著

中山大學出版社
SUN YAT-SEN UNIVERSITY PRESS
·广州·

图书出版编目（CIP）数据

我闻如是，如是安心／慈满著．—广州：中山大学出版社，2021.3
ISBN 978-7-306-07101-9

Ⅰ．①我…　Ⅱ．①慈…　Ⅲ．①人生哲学—通俗读物　Ⅳ．①B821-49

中国版本图书馆CIP数据核字（2021）第013303号

WOWENRUSHI RUSHIANXIN

出 版 人：王天琪
策划编辑：曾育林
责任编辑：曾育林
封面设计：
装帧设计：高翔设计工作室
责任校对：王　燕
责任技编：何雅涛
出版发行：中山大学出版社
电　　话：编辑部　020-84111996，84110776，84111997，84110779
　　　　　发行部　020-84111998，84111981，84111160
地　　址：广州市新港西路135号
邮　　编：510275　　　传　真：020-84036565
网　　址：http://www.zsup.com.cn　　E-mail：zdcbs@mail.sysu.edu.cn
印 刷 者：广州市友盛彩印有限公司
规　　格：880mm×1230mm　1/32　11.75印张　150千字
版次印次：2021年3月第1版　2021年3月第1次印刷
定　　价：88.00元

空門

001

山顶的风光绝佳，但首先得登上顶峰。

春天的风光无限，但首先得度过寒冬。

一切美好与成就，都以汗水和泪水为铺垫。

只有刻骨地行持，才有解脱的自在。

002

有时候，

苦心经营的不一定会得到，

信手拈来的反而浑然天成。

我们可以期许未来，但不必寄托于未来。

只有走好脚下的每一步，

才会越走越远。

003

人心不贵巧，而贵直；

不贵能，而贵德。

机巧之心，只会让人心念思邪，

虽成事于眼下，却损德于将来。

真修德者，不在显露种种能力，

而在以己之力，服务于大众。

004

人多的时候，管住自己的嘴，

防止口生是非；

人少的时候，守住自己的心，

防止心生妄想。

005

当你在生活中不知所措时，

不妨回到梦想开始的地方，

再去看看当初的一念纯真，

因为那就是你奔跑的力量。

无论周遭如何改变，

那纯真便是永恒。

006

从前，总喜欢把自己的想法告诉别人。

后来，慢慢学会了拣择，有的想法只是一个想法。

等经历了很多以后，

自己的想法只会自己默默去实现。

这也是人生的修行。

每一个努力精进的人，

都值得我们去尊重。

不要去衡量他的学识高低、地位高下、贡献多少。

每个人向着心里的美好而努力时，

就是最美丽的。

008

抱怨，看似把问题和烦恼推给别人，与自己全然无关，

其实这是不敢担当和不敢面对自我的表现。

长此以往，自己的缺点被掩盖起来，

越来越沉浸于自我意识的体现，就很难再进步。

只有面对自己，勇于担当，

认真解决每一个问题，麻烦才会越来越少。

009

无论多么忙碌，都不要忘记根本。

有的人，走着走着，

就忘了为何启程；

有的事，做着做着，

就忘了为何开始。

不是迷茫了，就是走错了。

时常提醒自己，莫忘初心！

010

修行总要经历磨炼，

最大的磨炼就是与自己作斗争。

思维的打破与重组，

习惯的破除与养成，

性格的审视与重塑，

都需要大勇气、大智慧、大毅力。

一切都要趋于中道，

过分热情和冷淡，

都不是相处之道；

过分猛进和懈怠，

也不是修行之道。

总要在日常中平淡处之。

修行是一个认识烦恼、降伏烦恼、断除烦恼的过程：

认识烦恼，需要直面自己，剖析心念；

降伏烦恼，需要克除习气，对症下药；

断除烦恼，需要彻证法门，体解大道。

人心要有所承受，

能承担喜怒哀乐和逆顺诸境。

承受压力并努力去克服困难、

解决问题的过程，

就是我们的心历练的过程。

道理懂得很多，

但是没有经过历练，心一样很脆弱。

014

天气冷了，就想着往南方跑；

天气热了，就想着往北方走。

四处寻找过得舒服的地方，

遇到一点不顺心的事，就想换个环境。

住了几年，就想到处游荡。

修行不容易，安下心来，

对治种种境界，修行自然进步。

丛林久住才会有缘，好好安心！

一个人的起心动念，

不光自己知道，

身边的每一个人也能感知，

所以我们的一切念头都要“无邪”。

只有掌控自己的念头，

才能掌控人生。

016

生命之所以美好，

是因为有风雨和阳光。

经历的一切，

都是生命的色彩。

把色彩调好了，

就是生命的艺术。

具足了智慧，

每个人都能绘出自己最美的图画。

017

只有你深入病苦，才知无常；

只有你深入生活，才知艰难；

只有你深入烦恼，才知解脱；

只有你深入大众，才知和合。

一切修行，都要从切身的感受开始。

018

心若向外，逐渐会被环境优劣、心情好坏左右，

对自我的认识会越来越模糊，

从而缠绕在人我是非的纠结中。

只有心向内观，对观自身，

多问自己之不足，多寻自身之缺点，

才能不断提升自己。

019

每个人都有自己的所用之处，

不是能力大小，

而是地方是否放对。

我们不能否定任何一个人，

他人能做到的，

我们不一定能做到。

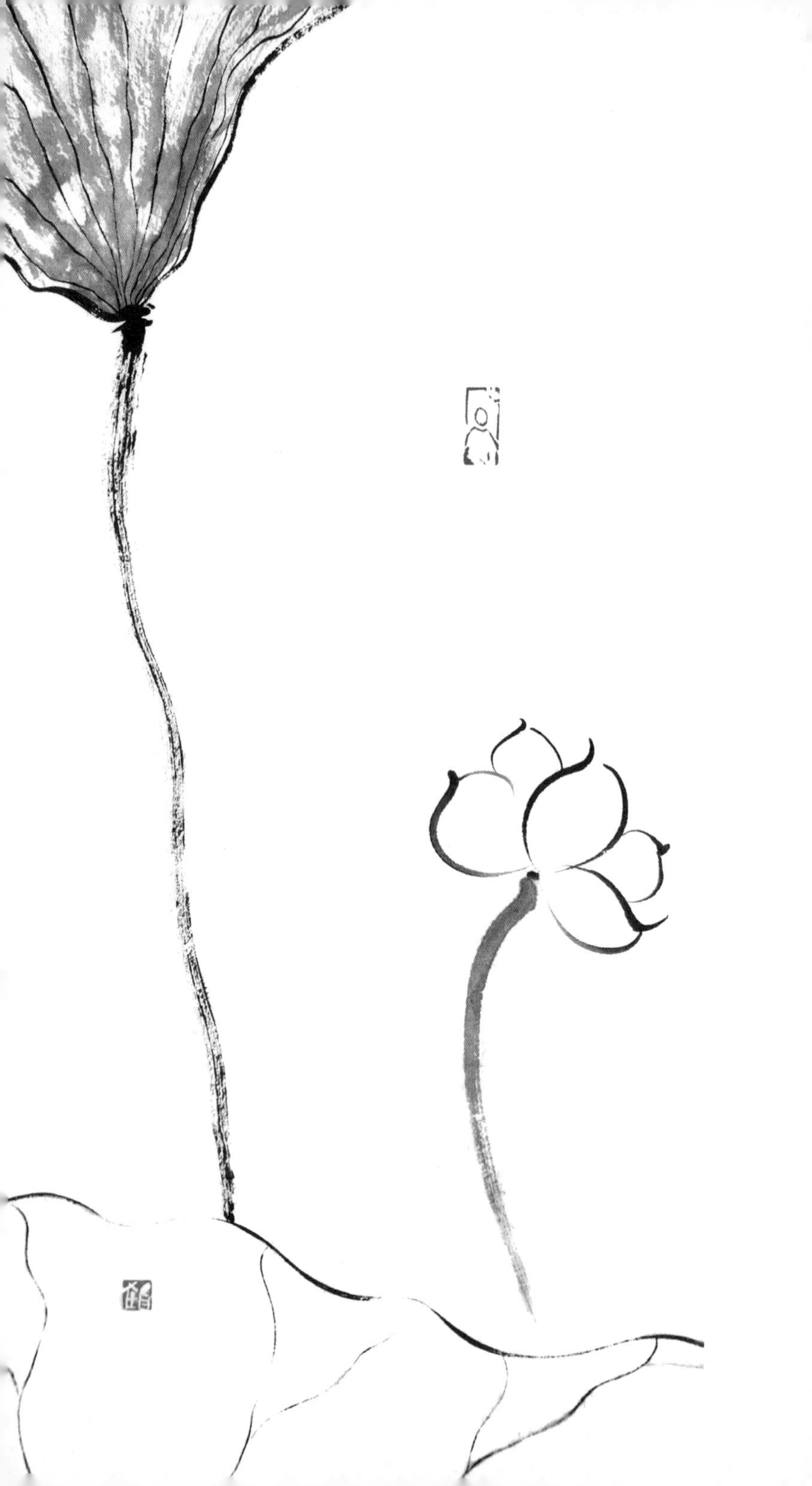

表相很重要，但不是根本，

只是本质的表现和引导。

修行就是要通过有相行持，

进入内在的深义；

只有深入义理，

才是支撑整个表相的根本。

022

要将心安住下来，心整天为外境所牵，

很难看到事物的本质，也无法认识到自己。

可以忙，但心不要因为忙而乱。

坚定守正，遇到任何障碍都不放弃，

才有成就的希望。

023

善良，

不是因为别人需要我们的善良才能生活下去，

而是我们自己需要善良以便更好地生活下去。

024

不要想着自己对别人的好能得到回报，

哪怕是功德或感恩，

因为这不是施舍，

也不是拿慈悲做交易。

025

心量宽大，见人皆是慈忍平和；

心量狭窄，见人皆是刻薄算计。

见人慈忍的人，未必能改变别人，却自己已得慈忍。

所以，

善的力量，

不是为了影响他人，

而是为了润养自己。

026

不要与人争，

默默把自己做好，

你比任何人都优秀。

与人争，

说明你对自己信心不够，

怕失去别人对你的关注。

冬天寒冷难当，

夏天酷暑难当，

四季有不同的景象。

随顺于外境，安住于内心，

心若安稳，四季都是美好。

028

懒惰者用于懒惰的理由总是多的，

但没有一条不是出于自身的考量。

勤劳者却没有勤劳的理由，

因为总是出于他人的考量。

不要为自己的懒惰找理由，

找来的都不是理由，

只是借口。

致自己！

当我们怀着慈悲的心与人交往，

我们传递的就是慈悲。

我们可以布施与人的，

不光是金钱和物质，

有时候，慈悲与欢喜更重要。

030

人与人的交往，

不能凭借容貌、财富、地位，

因为这些终究会失去，是无常的。

要凭志趣、真诚和信念，

要互相成就，为他人做事，

为后来人开路，才是最大的财富。

031

接近年尾，古人称年关，过年如过关。

我们也要检点自己一年的修行，

无论是工作上，还是学习上，

看看自己工作有没有完成，

修行有没有进步，学习有没有增上，

一年来犯了些什么错误，明年该如何进步。

032

安住于当下，

感恩当下所具足的一切，

我们的心会越来越柔软。

因为知足，所以感恩；

因为感恩，所以珍惜；

因为珍惜，所以慈悲。

033

不要总是抱怨自己不被认可或者重视。

真正懂你的人，

自然会默默地支持你。

不懂你的人，

又何必去努力博得他的认可。

做好自己，

只有自己才是人生的裁判员。

034

默默做自己的事，

不要想太多。

把时间浪费在妄想上，

只会让自己越来越迷茫。

专注于一件事，认真做下去，

人生目标会越来越清晰。

生命中有很多美好的东西，

我们要善于去发现。

我们心怀慈悲、柔和、宽容的时候，

会喜悦和安乐，会感受到周遭的美。

能发现美的心，才是真正美好的。

当人生明确方向后，

很多习惯都可以改变，

因为你会为了这个方向，

不断去努力，清除一切障碍，

包括不同方向的习惯。

所以人生需要确立一个正确的方向

并为之不懈努力！

037

光明与黑暗同时存在，

如同善与恶同时存在一样，

任何事物都有两面。

对恶的过分厌恶，

对善的过分希冀，

都会令人失望。

善守己念，各自安好。

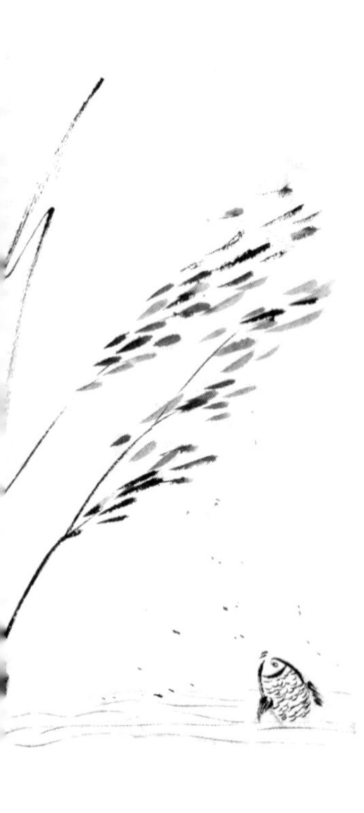

038

生活中每一个细节，都是修行用功的下手处，

只要知见正确了，心念把握了，处处可以修行。

之前要做的功课，就是斧正知见，守护心念。

这个过程必须以经典教法为本，下死功夫。

降伏烦恼最好的方法，

就是认知烦恼。

烦恼起来，

身心随之流转，

根本没有回头看看烦恼的“面貌”。

如果你静下心来仔细观察，

你会发现它就是另外一个你。

040

容不下别人的人，

是最痛苦的，

因为总是觉得周遭的人和事都是错误的，

别人应该如何才对，

结果把自己弄得烦躁、痛苦。

我们总是会在人生各种经历中成长，

如亲友的离去、工作的失意、生活的压力。

这些负面的事情，让我们逐渐地成长。

不要拒绝困境，

在困境中学会解决和解脱，

人生才是完美的。

042

要成就一件事，需要很多条件，

这就是缘。

当条件成熟的时候，事情很快就会被成就。

我们发心以后，所做的种种事，

就是令这些缘向着发心汇聚，

最后事有所成。

别想着谁都要活得让你顺眼。

自由发挥的天线宝宝、仙人球、太极肉肉，

不照样自由舒展着自己，

你细看，

还是很美的。

045

把特殊的日子当成平时一样过，

时刻保持正念思维，

把平常的日子当成年节一样过，

经常提醒自己来日无多，

不可虚度！

046

只有真实认识自己，才能正确对待别人。

人最怕的就是掩藏自己的缺点，

并在这种掩藏里自我迷失，

还自认为是完美的。

只有不断地发现缺点并去改正，

才能不断地自我学习和提升。

这就是修行。

或是忙，或是闲，

时光一样在前进；

或是喜，或是悲，

岁月一样在继续。

精进的人，

总是跑在时光的前面。

莫等时光老去，

方悔未曾努力。

048

人的心念，

就像田地的种子，

种下去什么，

就会结什么果。

杂乱的心念多了，

心就杂草丛生，

原本具足的智慧就会被掩盖。

把心安住于道上。

049

莫说硬话，莫做软事。

趁气之言，多有过量之词，出则自伤；

怯懦之事，多有偷安之心，行则自损。

骨气要刚，

言语要柔，

眼界要高，

行事要笃。

050

起心动念要正，

心念正了，随之而起的行才会正。

但是人的心念绵绵密密、微微细细，

没有一定的练习，

很难观察心念的正确与否。

所谓功夫，就在平时对心念的观察上。

我们所做的事，

不一定在当下有所显现，

或许是未来，或许更久远。

我们也不能为了结果的未见，

而放弃当下的努力。

我们现在所受用的一切，

又何尝不是前人的努力。

052

凡事要守住初心。

初心无染，随着事物变化，

关系会越来越复杂，

人也容易迷失在这些细枝末节上。

当遇到困难，反观初心，

你会发现，简单而直接。

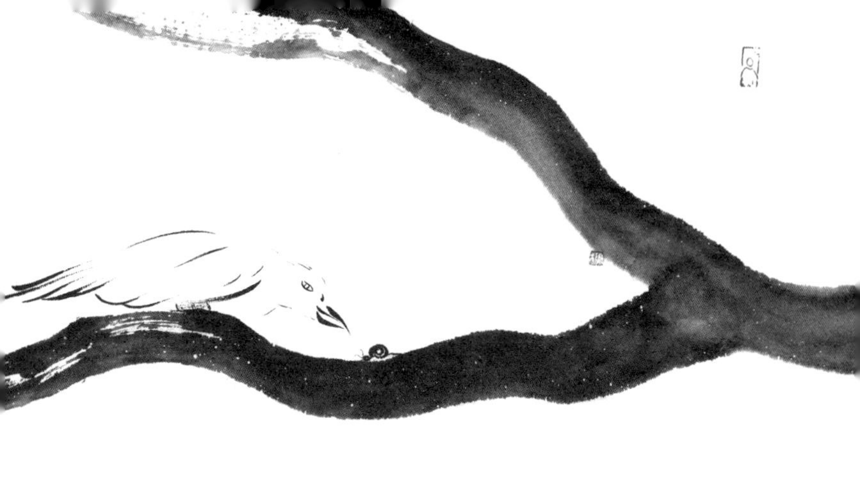

053

任何事物的成就，

都要等待因缘的际会，

我们的努力也是因缘之一。

当你行进在积累的道路上，

看似毫无收获，

其实因缘已经慢慢汇聚。

054

你唯一能祈求的，

就是自己心里的光明。

心里明亮了，

将不再恐惧和迷茫，

一切皆顺应而成。

人都会有负面情绪，当我们生起负面情绪的时候，

不是一味地去克制，因为克制只是储存这些情绪，

一旦积累到一定的量还是会发泄出来。

用智慧去观察，

这些情绪都是因为我所期待的事没有达到预期，

都是因为我执着于我所有。

改变自己的观念，情绪自然会降伏和改变。

056

为人不可用伎俩，

只须怀真诚。

伎俩也许有一时小利，

但终要败破。

真诚虽未必人见，

但自心坦然，夜梦无惧，亦必行久致远。

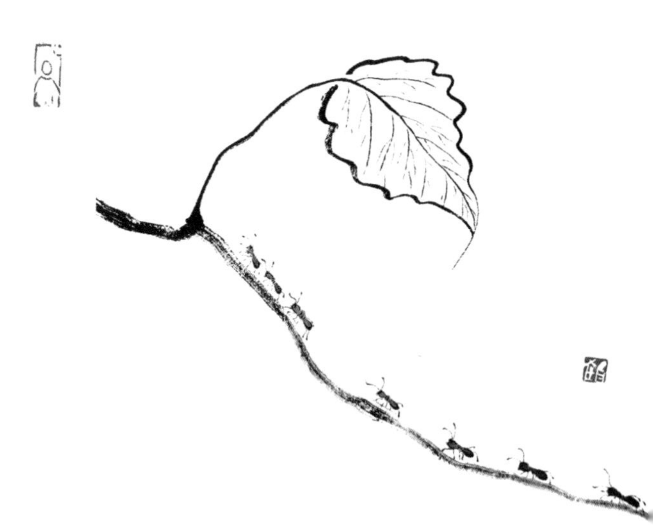

好的建议和教导，

不光需要好老师，

更需要好学生。

能悉心聆听、仔细思维的人，

会处处逢良师，

会在生活的不经意间成长。

058

道理，

会在书本上、言语中，

但真理只在实践中。

沉浸于文字和言说，

也许会让自己很快乐，

但文字的作用是改变生活。

若不致用，与无文等。

059

日常生活的细节，

像关门轻一点，

对服务员说“谢谢”，

随手捡起路上的垃圾，

不打断他人说话。

有些似乎与我们并没有关系，

但只要心里装着别人，就会注意这些。

人生是一场大戏，每个人都扮演不同的角色。

不同的是剧本都是自己所写，

没有彩排，观众只有自己。

所以，认清自己的角色，认真唱好每一句台词，

对自己负责，不要辜负这一次演出。

我们都会有一个完美的结局。

061

我们总想着去改变他人，

觉得只有自己的想法是对的，

周遭的人和事不顺随自己的想法，就要去改造他，

最后弄得自己很累、很痛苦。

如果能认识到自己的错误，

改变自己的想法，一切都很自然。

062

生活给我们无数种选择，

有的自己能做主，

有的只能被动接受。

无论何种选择，

只要自己还有梦想，

还有努力的方向，

就都是最好的选择。

063

要究真义，

任何事物都要认真明其根本，

方能了然于心，用得其所。

表象上的相似，不能得其实义，

模仿得越多，

对其真实本质迷失得越远。

064

要允许别人存在错误，

人生都是在不断地修行和进步，

都是在错误中总结经验，

舍邪归正。

不要一味地去审查别人的错误，

要多看自己的缺点。

你的付出，

有的人也许并不在意，

却并非没有价值。

理性思考后的人生，

会让你更加明白付出的意义。

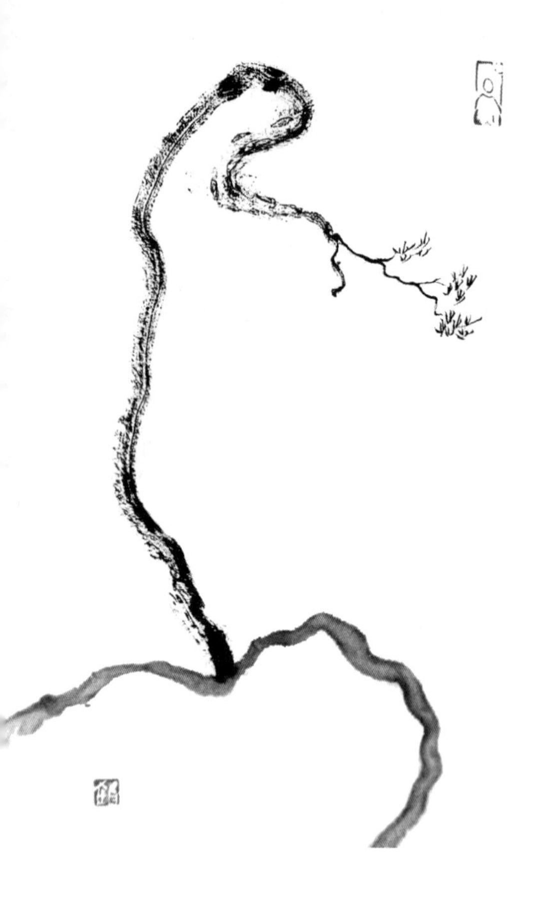

066

每个人在生活中都会遇到困难，

若在困难前，积极面对，乐观看待，

困难会越来越少。

若抱着回避的态度，遇到困难就无比烦恼，

纠结其中，困难会越来越多。

有障碍才有进步，有疑才有悟。

心量要大，能包容一切，

眼睛里有太多的沙子，反而会障碍视线。

总是纠结于对错，

自己的思维就在荆棘中缠绕。

其实，

世间万物并不是“对错”二字可以完全区分的。

068

人要学着控制自己的情绪。

直心不是任性，不是随意，不是恣情；

是心底的无私，行为的无邪，言语的无恶；

是约束了自我情绪直面问题。

每个人都是精彩的个体，

不必委屈自己顺应他人，

也不必要求他人附和自己，

以古圣先贤为榜样，

妥善安顿好自己的身心，

你就是成功的。

智慧如海
禪茶
心無罣礙無罣礙故無有恐怖遠離顛倒

我们要以苦为师，

善于观察苦，并应用苦，

从苦中寻求解脱之法，从而离究竟苦。

所以不要拒绝苦的境界，

而要去体会和究寻苦因。

072

当遇到事情的时候，

人的思维往往是有局限性的，

容易走入思维的误区，

当下做的决定会导致很多不必要的麻烦。

这时需要暂时把事情抛开，把心安定下来，

不考虑一切事间的人为因素、直观本质，

该如何决定，其实就明了了。

073

智慧是对生命实相的真实了解，

对生活烦恼的恰当处理，

对身心世界的正确认识和对自己身口意三业的有效管理，

缺此中一种皆不名真实智慧。

074

蕅益大师示梦西：

欲坐断凡圣情解，顿明佛祖心源，不可丝毫夹杂。

然所谓夹杂，正不在看经寻论，

乃在世间利名、烦恼、我慢、悭嫉放不下。

大师已经明示，所谓夹杂，

不是看经看论，而是夹杂生死业因。

今某人所言自破！

075

时光易逝，

岁月变迁，

这一期生命留给我们的时间并不多。

与其把时光浪费在与他人的计较上，

不如把光阴用来思考自己。

自省胜过与他人争执。

076

我们要学会平等看待事物。

平等不是没有差异，

更不是模棱两可，

而是对事物了然之后的各自尊重，

是一切生命和自然的相对平衡。

我们会乐于帮助比我们困难的人，

但是不乐于成就和我们一样的人，

总觉得他人会超过自己，

总害怕自己落于人后。

要想不落于人后，

只有自己努力奋进，

而不是压制他人。

078

心里要阳光，

凡有所思皆顺正道，

凡有所念皆思利人，

凡有对人皆思其善。

心里阳光了，

身亦随之和顺。

079

你的善良，

也许并未能得到他人的赞扬，

但是已经改变了你自己的气场。

从心里发起的念善，

足以消磨心底的仇恨和偏见。

勇敢地发起自己的善，

并使之增强。

080

要善于向别人学习，

首先要放下“我懂、我会、我很好”的心态，

这样才会发现别人的优点、自己的不足，

才会发现每一个人都有值得学习的地方。

老师不只在课堂和学校。

脚下的路再难，

也会到达终点，

心里的路却需要智慧和毅力才能走下去。

我们以学习来认识心路，

以信仰来坚定信念，

互相搀扶和鼓励，

历经各自心里的路。

082

我们的念头，

总是一念连着一念，间隙都没有。

越闲念头越多，纷纷杂杂。

闲时的一念，又会生发其他的言行，从而造作新的业。

越闲，越要守住念头，

一旦失守，三业俱随。

见地要正确，见地不正，修一切皆不得解脱；

愿力要宏大，愿力越大，修一切动力越大；

行持要踏实，脚踏实地，从事相上下手。

084

一个人的品格，

就在于自立、自尊、自强。

自立，则学有所悟，学有所得，融于骨子里的认知。

自尊，则行有所范，行有所止，流于言表的严谨与自在。

自强，则于人有益，助人之成，发自内心的善良。

085

人生的路上，不要争什么输赢，

一切眼前的输赢都是暂时的现象。

能真正明了自己的内心，

能把握自己的心不随外境而转，

才是赢者！

086

要学会衡量自己，

自己的所学、所行、所修，

是否合乎道，应乎理，契乎时，利乎人。

只有时常衡量，

才会不断反省，

不断进步。

我们一般的人都是循业而行，

就是一切行为都是过去行为的相续，

都会受到过去行为的影响。

所以我们对每时每刻起的念头和所做的事都要明明白白，

防止现在所作的业，

在以后形成不好的影响，也就是恶业力！

088

要对得起对你好的人，

也不要藐视对你不好的人。

一切相遇都是缘分，

无论善与不善都好好珍惜。

善的令其增长，

不善的令其善。

089

僧人接受布施，

是为了降伏恭高我慢，

因为僧人不蓄资产，乞化为生，

所有物资以维持基本生活为标准。

接受布施时更要生起惭愧心，

努力修道以答施主之恩。

每个人在生活中都经历过艰辛，

都在不停地前进。

只有这样，

生命才会给予我们更多善的报偿。

虽然我们并不是为了报偿而去努力，

但努力终将有报偿。

自己的思想层次决定了思维角度。

当你心中充满慈悲的时候，看周围的一切都是美好的。

当你心中充满抱怨的时候，看周围的一切都是扭曲的。

不是环境变化了，而是我们的思维角度变化了。

要提升自己的思想层次，

就要保持良好的思维状态。

092

看别人很容易，看自己很难。

观察自己的缺点，

并正视它、改变它。知难而进！

学习佛法，就是要把我们习惯于看别人的缺点，

转为观察自己的缺点。

能观察自己的缺点，并随之改正的，就是功夫。

093

愿你的梦想，触手可及；

愿你的远方，有路可抵；

愿你的前路，平坦无崎；

愿你的所得，人见欢喜。

不出于任何自我的祈愿，

是人心最纯真的面貌。

094

人生要知道和知足。

知道，大则天地万物根本规律，小则人我社会交往规则。

知道，方能德符于道。

知足，大则地位境遇，小则衣食住行。

知足，方能行符于位。

出离心的生起，

不是要我们现在就完全断除世间外缘，

而是要知世间无常。

世间一切外缘本不久住，

处世间而不执着于世间。

097

耳不闻是非之事，

口不出人我之言，

心不思越礼之念。

只有拒绝了是非烦恼，

才会远离是非。

做好自己的本分事，

比论人是非短长更有意义。

098

一切修行都要亲自实践，

一切改变都要自我思维。

如果没有主观思考与择别的心，

别人所有的教导与帮助，

都会成为烦恼。

099

越是绞尽脑汁，想得福报，得功德，

越是得不到。

反而心无杂念，尽心尽力服务大众，

成就他人，越是能得到福德。

福报要靠德行作为基础，

只有把身心都奉献大众、奉献社会，

才有德行可言。

100

人生不必去争什么，

你所得的一切都是你该得的，

因成就了，

果必定会来。

就是自己默默努力，

也只是自己分内的事，

怀着“争”的心，就会有“执”。

101

心定下来，才会生智慧。

湍急的河流，无法呈现任何倒影。

铜面平整，才会照见面貌。

人生有无数次高考，

只要沉着应对，冷静思考，

就会得到想要的成果。

102

无知的人，

都喜欢把自己装扮得与众不同，

只有这样，

才能找到自己的存在。

智者，

往往比普通人更普通，

因为已经脱离了自我。

103

人生的成功与失败，

不在于你的名利和地位。

喜悦时，是否能让他感同喜悦；

悲伤时，是否能独自扛起；

失败时，是否能反观自因；

成功时，是否能归功大众。

人生的修行，就看你周边的大众。

喜悦时，敛起三分，防因喜生贪；

烦恼时，冷静三分，防因恼生嗔；

痛苦时，振作三分，防因痛生痴。

人生时刻经历各种境遇，

及时调整自己，

所有境界都是最好的遇见。

有阳光的滋养，万物才会生发；

有智慧的浸润，生命才有意义。

有了智慧的人生，

不会虚度每一分光阴，

才会把美好分享给大众。

106

我们对自心的反省和思考，

要贯穿于一切念头之中。

如果只是阶段性的觉知、思维，

仅仅只能增加一些体验；

而不间断地熏习，

才会改变我们的根本。

只有一件东西，

可以经得住世界上所有的磨难，

那就是自己坚强的心。

这份坚强来自自我的认可和信心，

并在生活中不断历练和反省。

时间对于每个人都是公平的，

它平均分配给我们每一个人，

我们要紧紧把握每一分每一秒，

用在开启智慧、增长定力上。

浪费时间的人，生命必定会放弃他。

忍辱，不只是对恶境的忍耐。

当外缘的诱惑来时，

我们能坚定心念，使之不被动摇，

才能发挥忍辱的作用。

恶境界容易觉察，善境界微细难查，

一旦障道，善境界就变成恶境界了。

发布施心，并不仅仅让我们布施物质财富，

更要我们把自己的傲慢、执着放下。

遇人遇事，设身处地替别人考虑，

使人增长信心，勇敢面对世间苦的逼迫。

111

理论上悟入越高远越好，

这样会开阔眼界，

增长见地。

修行上实践越踏实越好，

不能好高骛远。

我们懂得有为法皆是无常，

所以要在因上努力。

通过现在的努力学习和修行，

积累智慧，逐渐证得无为法。

113

人生的每一份努力，都会以不同方式给予回报。

有的成为福德，蕴积于生命中。

有的化为善缘，无形但有大力。

有时则是智慧，生活不再迷茫。

我们只管努力，

生命自有完美的安排。

114

不因为知识对我有用才去学习，

人生需要的是网络状认知，

而不是直线形知识。

学习无时无刻不在进行，

可以专精一门，

但不能只会一门。

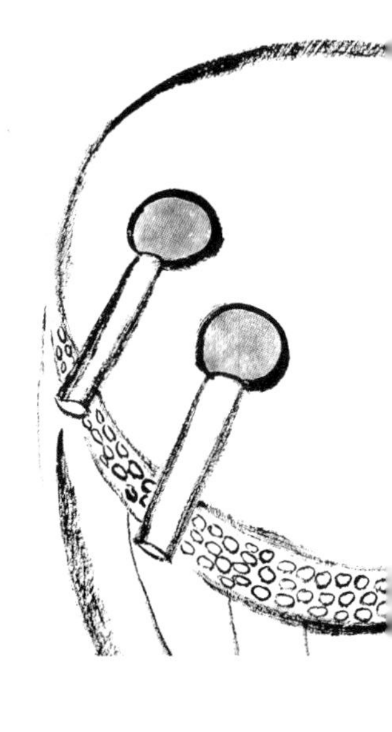

要警惕自己的微细念头，

不能以为微细念头起不了多大作用，

不会有多大危害。

念头一动，就会有一系列心念随之而起，

若无实时观照，随着境缘就逐步发生现行。

最终作业，受果！

116

生活中的点点滴滴都是生命的财富，

无论喜怒哀乐，都要去经历，认真去感知。

有苦有乐才是完美的人生，

所以不要拒绝苦难，

正是这些苦成就人格的成长。

慢慢熟悉，逐步加深友情

人与人之间交往要有度，

遇到投缘的，

慢慢熟悉，逐步加深友情，

互相策进，以法相依。

遇到不投缘的，

也不要反目成仇，

互相理解包容就好。

118

社会和合才会发展，家庭和合才会兴旺，

四大和合才会健康，团队和合才会有成就。

和合不是整齐划一，不是没有个体发挥，

而是求其大同，存其小异。

沉默，

并不是庸人的无奈，

而是智者的守护。

心里有主张，

才不愿有太多的解释和申辩。

喋喋不休，

只会显示心里的慌张。

知人者智，自知者明。

全面认识别人和社会，是聪明的人；

全面认识自己，是贤明的人。

一般来说，认识他人比认识自我要容易许多，

所以，聪明人多，贤明人少。

修行就要求我们做贤明的人而不是聪明的人！

121

我们总是认为拥有了才会幸福，

因为人都是在欲望的支配下行事。

其实，

一切所拥有的都会失去，

金钱、名誉、地位终将远离。

只有善良和智慧，才是幸福的根本。

122

不要把偷懒当成修行，

修行也不是不愿做事的借口。

真正的修行者应该是智慧明了、

身心健康、积极向上、

努力奉献的人。

遇事不要慌，不要急。

世事多因忙中错，

一件一件安排好，一样一样次第做，

看清楚，想明白，做仔细，

再多再难的事也能做好。

修行亦如此，有条有理，不乱次第，循序渐进。

124

我们的无意之言，

对自己来说也许转身就忘了，

而对他人来说可能就造成了无法弥补的伤痕。

凡有所言，皆须三省，

无益之语，切莫出口。

生活总会在不经意中给你惊喜，

只要你一如既往地坚持，

不要被今天的阴雨连绵，

阻碍住你追求阳光的心情。

126

我们总是以圣人的标准去要求别人，

感觉别人做得不是很好；

我们总是以凡夫的标准来要求自己，

感觉自己做得还不错。

所以我们会一直在凡夫境界上打转。

大家应以圣人的标准来要求自己，

以凡夫的标准去要求别人。

127

修行不可有傲慢心，

初学一些法义就觉得自己懂了，

打了几个禅坐就觉得自己心安了，

念了两天佛就觉得一心不乱了，

这是最大的障道。

浅尝辄止，是一切修行与学习的大忌！

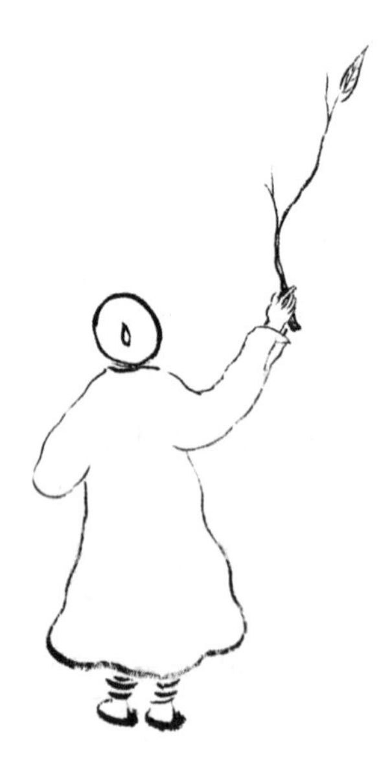

坚持一件事，

需要长时间的毅力和坚守；

而放弃一种坚持，

只要一个念头的松懈。

只要不在中途松懈，

就必定会到达终点。

130

时常要观照自己，

遇见自己欢喜的东西，

是否会想方设法去取得；

遇见自己厌恶的事，

是否会无名地愤怒。

放任自己的思想和情绪，就会增长贪嗔。

有为法的世间本来就是不完美的，

不能以要求完美的心去追逐世间法的圆满。

只要自己努力去完成自己所该尽的责任，

无愧于自己的心，无愧于自己的名，

剩下的就交给生命去安排。

132

时间是最好的老师，我们做任何事情，

目前看似困难重重，毫无希望；

但只要坚持下去，让时间来教会我们办法，

让时间来排除困难，久久用功，自然会有成就。

做一切事都不能急躁。

133

知足者富，富足不只是财富的堆积，

而是正确地认识自己所拥有的物质条件。

富足更是一种心态，不汲汲于财富的追求，

能判断自我价值与所得报偿之间的平衡。

134

我们总是比较容易关注结果，

如他人的成功，或是自己的烦恼，

却很少关注形成结果的因，

亦未曾思量过他人的默默努力、自己的懒散懈怠。

不要抱怨命运，

只看你是否在因上做出了足够的努力。

有时，

世间的善与恶，对与错，

错综复杂，难以分辨。

所以，

不要用既定的价值观来思考事物，

轻易做判断；

不要用今天的现状去判断任何人的未来，

包括自己。

136

我们经常有各种计划和设想，

但真正落实的并不多，

大部分都在岁月的等待中淹没了。

经过慎思而决定的计划，

那就立刻去行动，不要在等待中流走了时光。

能观的自己，却会因为染、净而起烦恼或欢喜。

以清净心观人，人则清净；

以染污心观人，人则染污。

所观之人，不因染、净而有区别。

能观的自己，却会因为染、净而起烦恼或欢喜。

自己的认识正确了，满世界都是美好与和谐。

138

母亲节，是令人知念父母的养育之恩。

因为有感恩，世界才有温暖。

父母是此身第一大恩者，

世出世间法，均以孝养父母为基本要求，

为人子女，不唯在节日祝福，

日常奉养更为重要。

我们的心无时无刻不在攀缘外境，

借助六根驰骋外缘。

当持续地观照后，

你会明了每一个念头的起灭，

根、境虽然依然作用，

心已经不会随流。

140

你现在播下的每一颗种子，

并不能马上开花，

但是一定会在你心里扎根。

善于拣择种子，

并不断给予孕养，

美丽的花一定会绽放！

很多时候，

痛苦是因为纠结于眼前的名位与利益得失。

其实对于人的一生来说，

一时的得失又能如何？

追求的目标远大了，

眼前的小得失也就放下了。

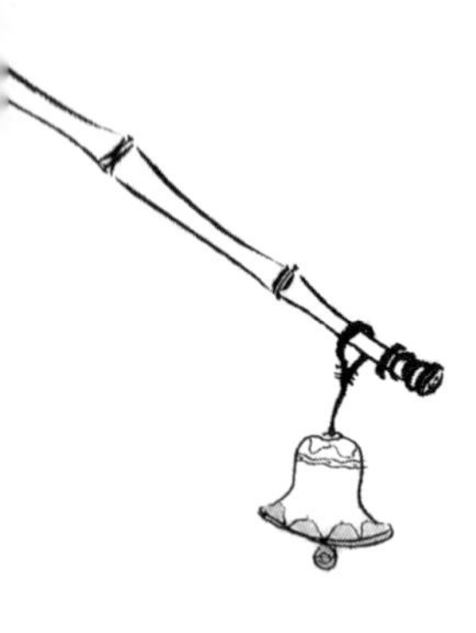

142

修行不怕笨，只要你认准方向，

不懈努力，就是再慢也有到达终点的一刻。

但是如果自以为聪明，看似什么法门都懂，

今天这样，明天那样，反而不容易成就。

看似笨的人却是很有智慧的人。

世间事也是一样，不怕慢，就怕换。

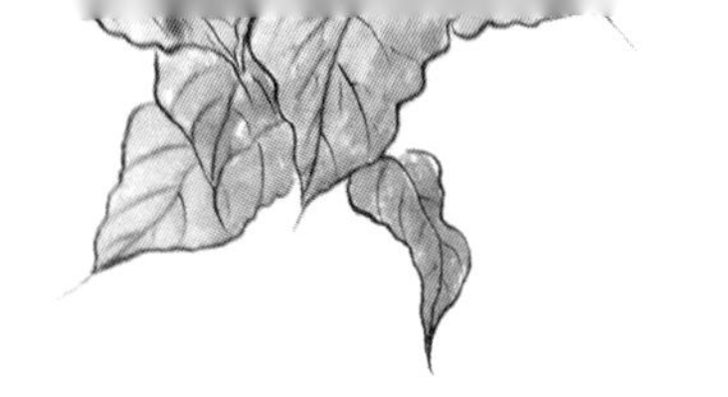

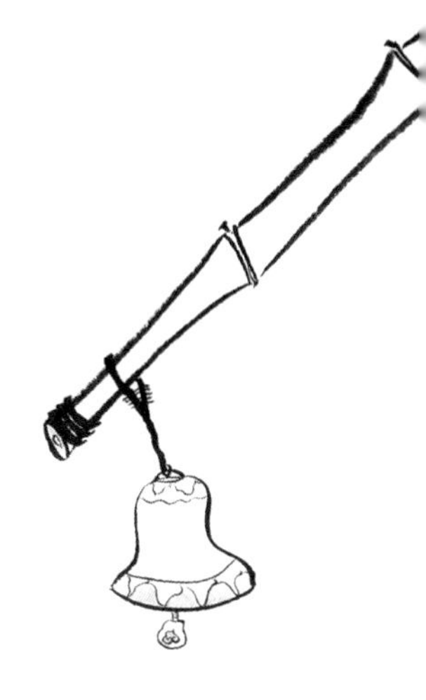

信仰是埋在心里的力量，

无论多厚的障碍都能冲破。

信仰不是装点外表的衣衫，

稍有不如意就能更换。

把信仰深深地埋进心里，

让心充满力量。

调味品放多了，会遮盖蔬菜本身的滋味，

天然的香甜很难品味到。

生活中，物质的受用过度了，

会降低生命本有的情感和喜乐。

放下不必要的东西，让生命本色发光！

与人交往，要多包容他人。

每个人有不同的思想、不同的境地，

不可能所有的人和事都顺着自己的心意。

把自己的想法强加于他人，

自己痛苦，他人也痛苦。

不如包容他人，听听别人的想法，

我们的思维会更加开阔。

146

当你有了正确但不被人认可的想法时，

那就低调、认真去做。

只有做了，才能证明想法的正确性。

事实永远比语言更具有说服力。

其实人都是不坏的，

只是习气罢了；

每个人都有习气，

只是深浅不同罢了。

只要他有向道的心，

能原谅的就原谅他；

你宽容他人的时候，

也宽宥了自己。

修行人常低头，不是因为畏惧，

而是因为修行的人，

心里自有主张，

不需要用外在的气势来武装自己。

心中具足的智慧和起心动念的慈悲，

足以让众生信服。

慈悲，但不要做老好人。

心中没有原则，一味地顺从，

自己做很多无意义的事，

别人也无法在法上有所得。

有目的性地引导，使其革除习气，

发启智慧，才是慈悲。

150

风雨时，注意脚下，低头细行。

人生经常会遇到各种风雨，

起心动念都要仔细思量，

谨行方能有豪气，

约束才会有自由。

151

我们现在所遇到的每一份善缘，

都是过去积累善因，培植福德所致。

好好珍惜眼前的每一份缘，无论顺逆，

心用对了都是善缘。

在一切情境上善自思维观察，

莫使恶业迁流！

有智慧的人，

于一切善、不善境上皆能起善作意。

比如天气冷暖，

愚者处冷思暖，处暖思冷，来回总是痛苦；

智者冷暖皆能知止足，冷亦自在，暖亦自在。

154

有的人修行，显现在外表，

让人知道他是一位修行者，使人望而生畏。

有的人看不出来如何修行用功，

但从内心发起的慈悲和柔和，

足以证明他是一位修行者。

不要让我们的努力成为别人的压力，

真正内心富足的人，不需要任何装饰。

美好的时光很容易消逝，
因为无常才是事物的真相，
寄希望于外境带来的快乐，
终究会随着时间流逝。
自心所具足安乐，
才是真实的受用。

156

只有低头，

才会看清脚下的路。

当我叩问自己的内心时，

才会看到自己的真实模样。

不要害怕看到真实的自己，

看清自己才会让你变得更好。

人的一生，

不一定都是轰轰烈烈，

更多的是平平淡淡。

也正是无数平淡的人，

组成了历史的印痕。

但是，

对于每个人其实都不平淡。

158

千万别被生活的逆境干扰，

道路是因为他人的辛劳而平坦，

生活却只能靠自己。

若你找到了方向，

逆境只会加快你的到达。

159

少说话多做事，

别人的话语再有理，

终究是别人的道理，

只有做了才是自己的经验。

任何教导，都是为了给实践做参照。

不求有功，

但求无悔。

160

人生当中会出现许多困难和挫折，

不要试图躲避这些障碍。

用平常的心态慢慢承受和化解，

当困难过去，后头看看，

发现这些都是自己修行的良师和增上缘。

161

我们很多的不快乐，

源于无知和欲望，

因为无知于因果的相续，

所以无法掌控自己的欲望。

后悔于失去，

渴望于未得，

不安于已有，

最后都成为不快乐的因。

帮助于人，不要等待他人的回报。

汲汲于善业的功德与回报，

善业的力量就变得很微弱，无法生起强有力的相续，

最后变成形式上的善业。

发自内心地帮助和利益他人，才会有善因果报。

人生很短，尽量多做些有益于社会人类的事，

至少以后还有人记得你曾经来过。

如果把时间耗费在钻营名利上，

而未曾在明了心地、解脱生死、服务社会上努力，

那么就浪费了这美好的生命。

即将迎来高考，回想二十年前，自己也是如此。

高考对人生来说很重要，但重要的不只是高考，

我们会在人生路上遇到很多高考一样的勘验。

认真对待，轻松应考，放下包袱，保持初心。

祝愿所有考生都能正常发挥，各遂所愿。

当然，如果没有考好，也不用灰心，

人生道路还有很多机会，找到适合自己的，才算成功。

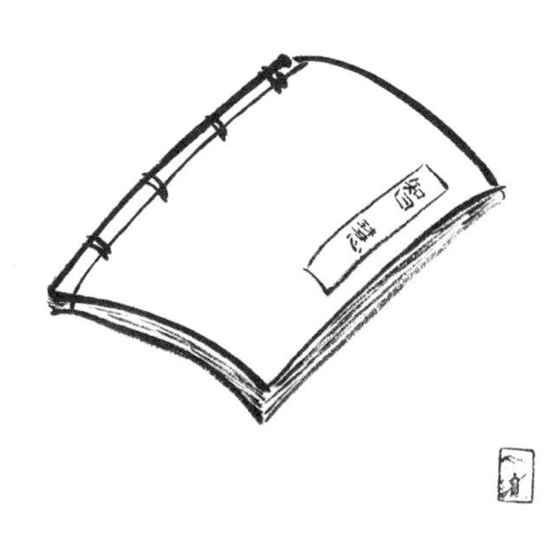

曾国藩在日记中记下这样四句话：

端庄厚重是贵相，谦卑含容是贵相。

事有归着是富相，心存济物是富相。

今日是大试之日，愿诸同学，

内含谦卑，外现端庄，事有归着，心常济物。

人生最难战胜的是自己，

希望各位在人生的考场上，各登榜首，赢得自己。

166

能不能管好自己的嘴，

总是在日常的积累中影响着你的命运和际遇。

做好自己，说好自己的话，就是对人生最为本质的进取。

一辈子不长，我们能说的话也不多，

更不能任凭自己一时肆意妄言，造成没有必要的悔恨和苦

守口摄身，安住无为，多积口德，少造口业，

世界总不会亏待你。

世间，

总有很多美好滋润着我们，

虽然有不完美，

但总是有出乎意料的欢喜。

智慧，不仅向着彼岸，更是当下的转变。

念头一转，百花已开。

168

人生没有如果，只有结果。

过去的已经过去，

不可能重来，

纠结于过去，

设想了很多如果的可能，

并不能改变现在。

做好现在，就能改变后来。

有了病痛，及时就医，适时观照。

此身四大假合为无常，

终不得久住，策进出离心。

此病痛亦无常，终不久存，增上忍辱力。

如此病痛则为良师。

170

学道无他巧，只是生处令熟，熟处令生而已。

何谓熟处？习气、分别、世味。

何谓生处？觉照、不分别。

但得一念熟，其余自然生。

虽云熟处令生，若非痛心革虑，死下功夫，

不以自我认识为标准。

百战百胜，不如一忍；万言万当，不如一默。

无可简择眼界平，不藏秋毫心地直。

（语出宋·黄庭坚《赠张叔和》）

修行就是要这样从心地质直、

平等无别，到守口摄身。

172

蕅益大师：

以冰霜之操自励，则品日清高；

以穹窿之量容人，则德日广大；

以切磋之谊取友，则学问日精；

以慎重之行利生，则道风日远。

自律宜严，待人宜宽，求学宜广，利人宜慎。

173

不忘人恩，不念人过，

不思人非，不计人怨。

忘恩则无义，念过则多愁，

思非则多虑，存怨则易嗔。

当念人恩，思己过，

容人非，克己罪。

我们都太急于表达，

其实倾听有时候比表达更重要。

等人把话说完，是对别人的尊重，

同时也给了自己思维的时间。

“善听者”往往强于“善说者”。

175

要学会妥善处理情绪，

要以中正之心明辨自己。

要远离恶，以安内心；

要亲近善，积聚正气。

176

世间有不圆满的地方，

我们不要选择远离，

而要努力去改变。

只是一味地远离，

又岂能完全脱离这个世界？

用自己的力量去改变，

至少不负这世间。

识不足则多虑，

威不足则多怒，

信不足则多言。

行道之人要少言、息虑、静默、安忍。

人要知道世故，

但不能世故。

知世故，是经历人生的种种境遇，了知世相无常；

不世故，那就要持身有度，处世有方，

处尘世而不被尘染。

不要急于求成，

任何美好的事物，

都是时间的孕育、岁月的积累、心血的凝结，

久久方有面貌。

只有经历岁月的耐心，

才能受用四季的繁华。

今日夏至，至为“至极”。鹿角解，蝉始鸣，半夏生。

夏至后，一年中最热的时候也会到来。

在该节气应着重健脾养心。

饮食宜清淡，不宜肥甘厚味，不要剧烈运动，注意午睡。

夏至一阴生，阳至极，阴至衰，阴渐长。

宜打坐静心，今日一坐要比平时一坐效果好些。

今日午时交夏，意味着今年夏天会比往年热。

布施就是给予，能给予别人的人是富者，也是福者。

有人说，我没有钱，无法布施。

其实，一个微笑，布施欢喜；

一句安慰，布施无畏；

一言鼓励，布施希望；

一个赞叹，布施力量。

只要有心，随处布施。施者欢喜，受者亦欢喜。

这“分”在不断变化，

安分守己，就是要在各自分内，完成自己该做的事。

182

把分内的事做好了，

是人生的第一步，

也是唯一一步。

这“分”在不断变化，

要做的事也不断转变。

安分守己，就是要在各自分内，完成自己该做的事。

才会有坚固的信心实践信仰。

正因为明白了世间如幻，

我们才会放下成见与争斗，

才会舍弃自私与狭隘，

才会有坚固的信心实践信仰。

184

每个人所走的路，

都是唯一的路，

前人的经验也只是参照，

不会有两个完全一样的人生。

修行亦是如此，

自己的心，

只有自己才能安顿。

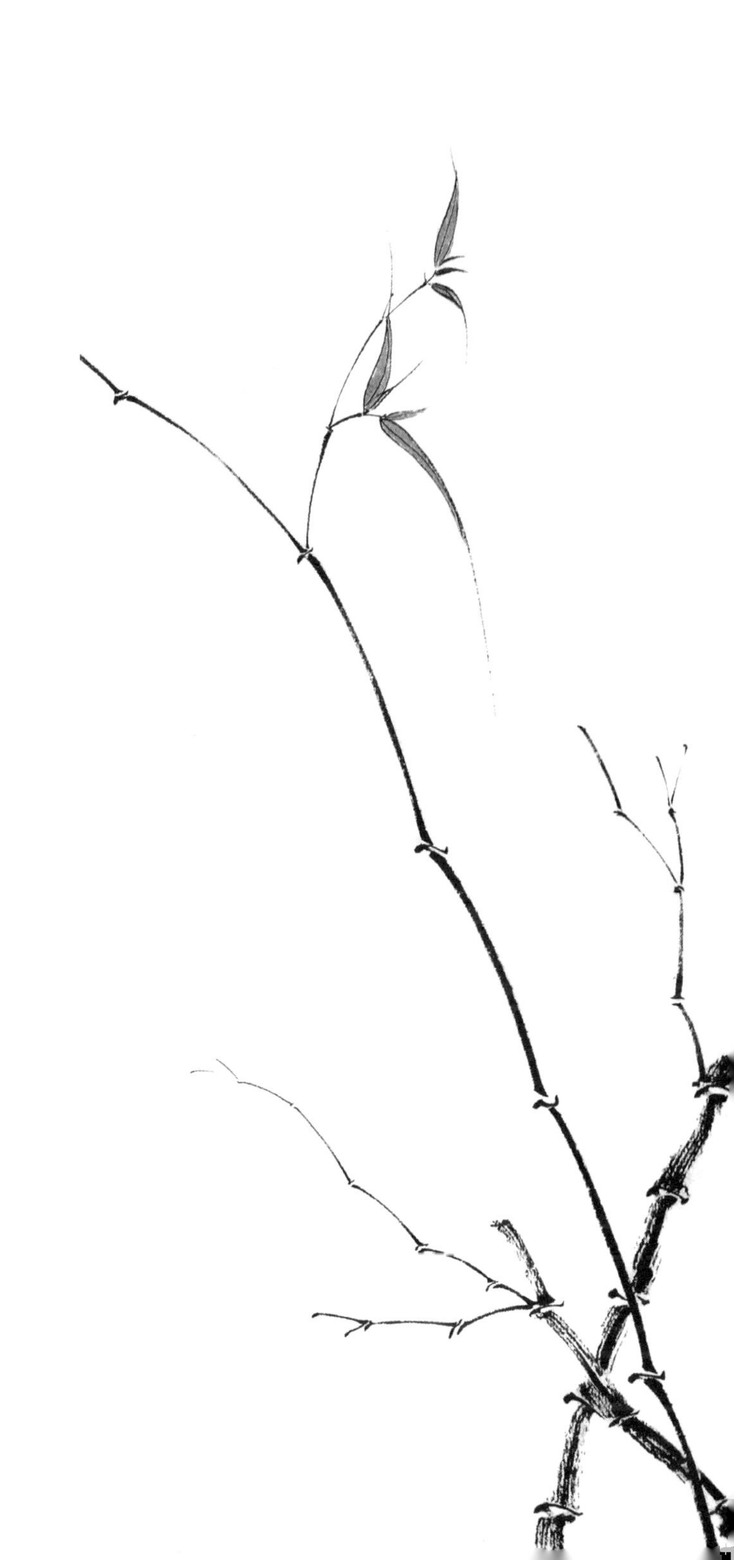

把心摄受安稳了，

脾气、行为自然会收拾妥当。

我们努力克制自己的脾气，

偶尔会有一点作用，

一旦境遇强烈，

所有防线都会崩塌。

只有转变自己的认知和思维，

才会转变心境。

福报不够的人，常常听到是非；

福报够的人，总能看到美好。

我们要用全面的、

圆融的眼光看待一切，

不要以片面的、

狭隘的思想思维一切。

188

修行是点滴的功夫，

需要日积月累。

每天一点改变，

不要觉得进步太慢，

至少你已经在行动。

修行和学习一样，不进则退。

当你心生嗔恨的时候，

你的智商就会降低，

情绪超越理性，

因而会做出出格的事，

结果是既伤害别人又伤害自己。

190

心是最肥沃的土地，

你所播下的任何种子，

都能生根发芽。

正因为如此，

我们才要选择种子，

一念的贪嗔痴，

可能就会毁了整个田地。

191

外在的财富是钱财与物资，

这不是永恒的，

也许一夜之间就会变成虚无。

内在的财富是智慧与修养，

永远会跟随着你。

拥有内在的财富，

即使外财失去，

也必定会以其他形式回归。

192

努力去做自己不喜欢，

但应该做的事。

一定不能做自己喜欢，

但不应该做的事。

有情众生都是欲望支配行为，

只有人才会理性控制欲望。

修行就是要对治念头，遇到境界时都会起念。

修行者会自我对治，使念头不离于道。

对治念头的方法就是你对法的掌握，

对治念头的能力就是你对法的行持。

智者不会去要求境界，

而是随缘根据境界调适自己的念头。

蕅益大师说：“智者夺心不夺境，愚者夺境不夺心。”

194

人生不应只是物质和名利，

更应该有梦想和希望。

有梦想和希望，

人生的道路才会长远，

即使已经谢幕，

生命仍然会继续。

而没有实际的行持与对社会的贡献，

一切所学都会成为他的障碍。

学习的目的在于指导行为，

如果有很高的学历和丰富的知识，

而没有实际的行持与对社会的贡献，

一切所学都会成为他的障碍。

道路有多崎岖，

只有走过的人才知道。

我们每个人的道路都不一样，

都有别人不知道的困难和崎岖。

因此，

我们无法评价他人的成功与失败，

但要尊重别人所走过的路。

人的一生很短暂，

所以千万不要把时间浪费在没有意义的事情上。

除了生死，都是闲事。

198

都习惯于认可自己的聪慧，

而不愿承认自己的缺点。

真正的智者会正视自己的不足，

从而努力去弥补。

承认自己的“愚”，

才会具足“慧”。

生活中，

不可能每天都有惊喜，

更多的是平常。

在平常中体验生活的意义，

展现人生的价值，

寻找生命的未来，

每一天都有收获和突破。

200

人世间的事，

本来就是不究竟的，

看破但不用说破，

放下但不用抛弃。

芸芸众生的生活，

还是需要世间相来维持，

但完全沉溺于世间，

也会痛苦不堪。

在人生的道路上，

如果你迷失了方向，

那就确定好远方的目标，

仔细走脚下的路，

再深的丛林也能走出来。

202

我们往往错会了他人的善意，

从而变成自己的包袱，

愈行愈远的路上，

不堪重负地责人责己。

责人容易而责己难，

尊人容易而自尊难，

莫崇他位，

莫负己灵！

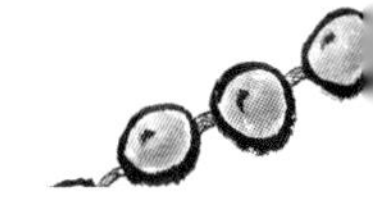

不要和自己较劲，

做力所能及之事，

有时候盲目地高估自己，

反而使自己失去方向。

一个人不可能每件事都能做好，

但肯定有能做好的事。

204

坚持学习，并不需要有目的，

把学习变成习惯，慢慢地积累，

等你的知识达到一定程度，

本来所不期许的目的，自然就变成结果。

这就是“不为功名始读书”。

心中要有坚固的信念，

为世间的名利、他人的嘲讽、自己的私欲所动摇的东西，

只有坚持自己内心的坚持，

才会收获他人没有的收获。

这种信念，

我们称之为“信仰”。

我们往往会觉得，

烦恼总是纠缠着自己，

很难摆脱。

烦恼本无自性，

我们执着于它，

它就会萦绕不去。

是我们纠缠着烦恼，

而不是烦恼纠缠着我们。

207

功德的积累，

就是心的力量，

无形无相却具有强大的力量。

当你遇到障碍和烦恼时，

它就是最好的依靠。

而这力量，

只有在为他人付出时，

才会获得。

任何痛苦、烦恼、失意都是自己的情绪，

不要把这些归错到别人身上。

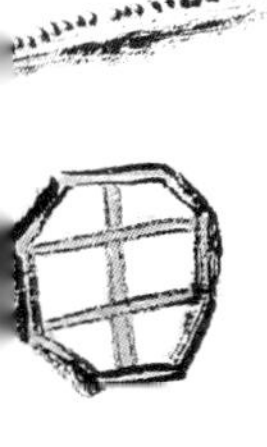

更不要抗拒、推开，

而是接纳它，

感受它观察它生起的原因。

你会发现，

只要你不纠缠它，

它会立刻消失。

当心里充满感恩和欢喜，

他人一定会在你这里收获欢喜。

我们所寻觅的，

正是我们希望得到的；

我们能给予的，

正是我们所富有的。

当心里充满感恩和欢喜，

他人一定会在你这里收获欢喜。

211

感觉艰难，说明你在突破自己；

感觉乏累，说明你在向上攀登。

进步的路，总是让人困扰和费劲。

当你久久未感觉困难时，

说明你一直在原地徘徊。

只有努力，

才能前进。

212

一个人的幸福感，

不是来自他所拥有的丰厚的物质，

而在于懂得取舍。

不该得的东西不要一味执着，

适合你的才是最好的。

不是拥有很多，而是要的很少。

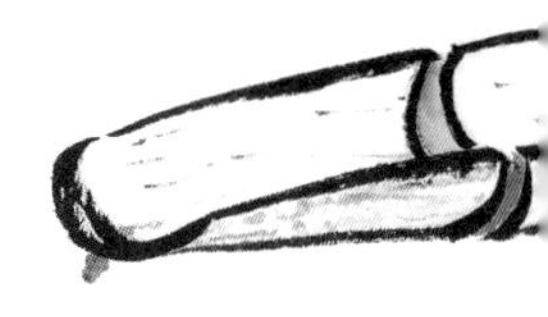

要学会认错，学会反省。

遇到事情，多想想是我哪里做得不对，哪里做得不好，

这样就给了自己进步的机会。

不要一遇到事情，就以种种理由寻找客观原因，

自己是完全没有错的，

这样的人永远看不到自己的缺点和错误，

就永远无法进步。

一个包袱再轻，背着走得远了，也会感到疲惫。

人的嗔恨、怀疑、嫉妒就是人生的包袱，

哪怕是一点点，你背得久了，

同样会压得你喘不过气来。

放下包袱，前途畅达。

一时的坚持很简单，

长期的耕耘却很难。

一时的劳作也许有灿烂的花朵，

但是丰硕的果实只会在长期的耕耘后才结成。

我们眼下所做的可能并不惊人，

但是，

日后的收获，

足以慰藉所有的付出。

人的知识面越开阔，

对事物的认识就越全面，

所以多学一些专业之外的东西，

会对你的帮助很大，

用其他知识来辅助专业学习。

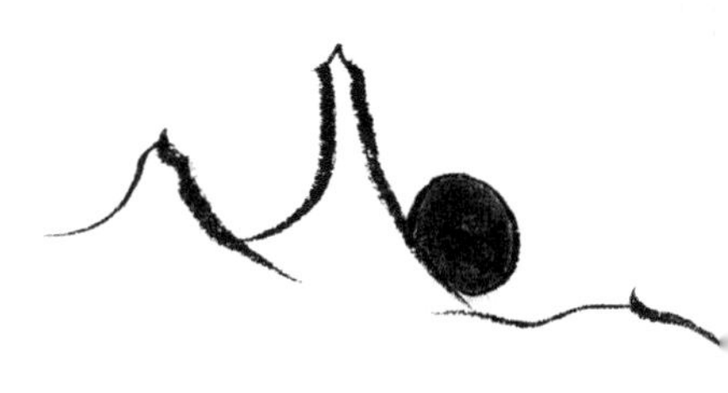

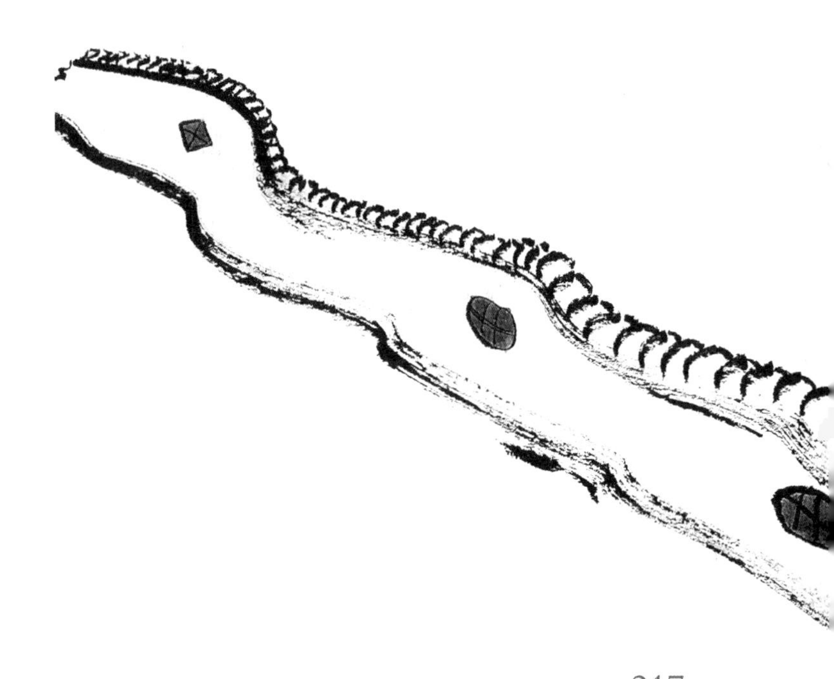

把车开慢了，才会看清路上的风景；

把心放慢了，才会发现生活的美好。

慢慢地生活，会把你的生命轨迹拉长。

218

一切痛苦来自对事物的执着，

如能离于执着，

一切逆境和违缘都是我们增上的善缘。

所以不要贪着于物质，也不要摒弃于物质。

随缘用度，有莫贪，无莫求。

当你走遍人生的旅程，

仍然不忘出发的原点；

当你阅尽人间的沧桑，

仍然怀抱着少年的梦想。

无论走得多远，

都不要忘却当初的誓言。

220

与同事、同学相处，多发现别人的长处和优点，

多忍让别人的缺点和脾气。

忠告和建议，

要在适当的人和适当的时间才会产生作用。

与人相处，更多的是从他人那里学习和成长。

“三人行，必有我师”，

我们缺的不是老师，而是认人为师的心。

修行最大的障碍就是“好为人师”，

当自足于自己的学问修行的时候，

不知不觉就喜欢为人师长。

常以学生的心态，

每天才能有新的收获和进步。

222

当我们觉得人生迷茫时，

说明已经从迷茫中觉醒。

最可怕的是，

迷茫时却不知迷茫，

醒悟时却并未自省。

我们微细的一个念头，

如果不防护好，

就会逐渐长大。

防微就是为了杜渐，

念头纷纷时，

就很难再去让它停顿了。

224

修行需要苦修，

但这种苦修不是吃得少、穿得少，住在破烂的房子里。

真正的苦修，是能克服习气，

对治烦恼，战胜自己的习惯性思维，

使行为、言语、思想即身口意符合解脱的标准。

这是最难的。

文化的自信，来自对文化的认识；

信仰的自信，来自对信仰的实践。

对于文化现象，

没有基本全面的认知前，最好不要加以批评；

对于信仰，

没有深入实践前，最好不要随便转换。

226

无论什么状态，

都要勤学习、勤思考、勤动手。

若没有成功的准备，

成功又哪里会降临？

现在浪费的时光，

都是以后悔恨的篇章。

真正懂得了生活的苦难，

就不会随处述说自己的悲惨；

真正获得了生活的幸福，

不会随时炫耀自己的美好。

默默承受和担当，

是生命成长的象征。

以其德行为世人做规范。

榜样的作用，

是让我们有行为的标杆，

以其德行为世人做规范。

千万不能只看到追随榜样的人群。

230

我们习惯运用惯性来思考。

当我们想要得到一件东西时，

就会因为惯性把这件东西想象得十分美好。

当拥有之后，因为惯性减弱，就会发现也不过如此。

所以不要一味地执着追求自己没有的东西，

好好珍惜眼前所拥有的。

不顾当下，追求何益！

生命是无常的，呼吸和死亡，

下一刻不知道谁先到达。

我们完全没有能力去掌控自己生命的未来。

唯一能做的事，就是在死亡没来的每一刻，

都让自己不虚度。

我努力拼搏，不是为了追逐市井的繁华，

而是为了寻找在人群中即将消失的自己。

232

微细的疏忽，

可能造成严重的后果。

我们心里一个不经意的念头，

就有可能爆发潮水般的思虑。

修行，

就是要觉知念头，观察念头，拣择念头，熄灭念头。

世界本来自然，

无须多加雕琢，

看见不完美的就想改造，

最后只能把自己改造。

人生世间，

遗憾又何尝不是一种美好，

以后还有可以努力的地方。

234

为学日益，为道日损。

做学问要逐步积累，

一切知识都可以积累成学问。

修道要逐步减损，

越简单越好，思想复杂与道相违。

真正的学问做到了，道也就在其中。

真通家无不实行！

一切超出当下世界的追求，

都是建立在现实的世界当中，

并最终为现实的人所用。

若脱离了“人”这一根本对象，

就成了空洞的说教。

烦恼时刻萦绕在我们身边，

当我们的心与它相应的时候，它就会影响我们。

要想与烦恼不相应，唯一的办法就是观察自己的心念。

当我如同一个长者观看儿童游戏一样，

去观察自己的心念起灭时，

我发现自己的心念会安定许多。

这就是用关照去破除无明，无明渐除，

烦恼自然就不相应。

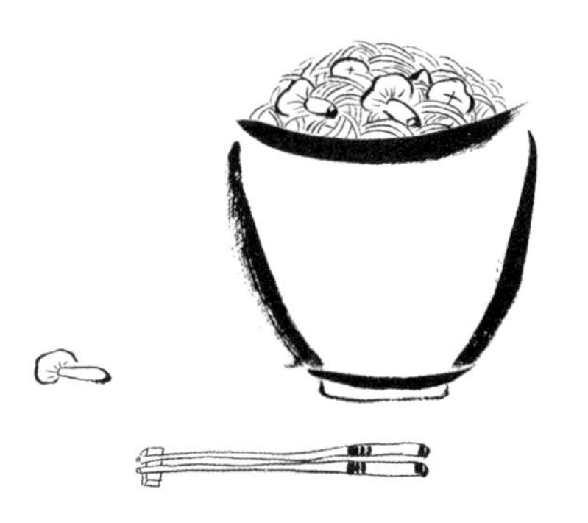

当你经历了人生的风雨和阳光，

仍然要对生活充满希望；

当你受尽了人间的变故和沧桑，

仍然不要吝啬给人微笑。

你所给予人的，

必会以其他的方式赋予你报偿。

238

我们并非生而坚强，

但是，

生活的困苦会让我们逐渐坚定。

苦是最好的老师，

一切哲学和宗教都产生于对苦的思维和认识。

人在任何时候，

都不能忘记自己内心的向往，

那是毕生的信仰。

因为有了这份向往，

一切苦难和灾害都变得微不足道。

智慧的慈光总是普照一切幽暗，

只要你愿意开启自己的心，

欣向于觉悟的人生，

它就会毫无保留地进入你的心。

太顺了对修行没好处，没有境界的磨炼和违缘的干扰，

根本无法知道自己的心到底能承受多少外界考验。

因为没有试探，所以一直自我感觉良好，

突然来了境界，自己完全无力招架。

经常在逆境中磨炼，会不断增加对烦恼、

痛苦的承受能力，从而提高解脱烦恼的能力。

所以修行不光是知识的学习，更需要境界的历练。

242

我们很多人，

都习惯汲汲向外追求，

以寻得自己的安顿处。

当反观自己的内心时，

会发现，

最安稳的地方就是自己的心。

平时要把打坐养成习惯，

坐的时候，观察自己心念的起灭。

养成习惯后，在日常生活中才能熟练地观察。

若无打坐为基础的修习，平时很难反观心念。

244

要养成勤劳的习惯，无论学习、生活、修行。

懒惰是最大的障碍，计划再好，设想再美，

如果没有持之以恒的努力和勤劳的习惯，

一切美好都与之无缘。

常作务，莫闲游，勤奋进，时不待！

量的积累，

最终会引起质的变化，

看着机械、单调的重复，

必然会产生实质的飞跃。

我们不能忽视任何简单的事物，

平静的底下，

往往是壮阔的波澜。

做自己喜欢的事，要细心去做，

不能因为喜欢而急忙；

做自己职责的事，要用心去做，

不能因为职责而敷衍；

做别人所托的事，要耐心去做，

不能因为所托而草率。

遇到难做的事，多想想；

遇到难过的坎，多坚持；

遇到难交的人，多忍让。

一切计较就会在不计较中过去，

只要信心不灭，

一切梦想都会成为现实。

248

今天所有的付出，

都将换来明天的幸福。

而我们的努力，

不只是为了换取自己的幸福，

那就必须下更大的功夫。

所有的行为都发自人生的目标。

智慧是人生的根本，

欲得正智须从学习与修证中求。

学习是建立正确思维，

从而具足正智。

修证是在实践中验证和丰富所学。

智慧的生起离不开理论和实践。

250

当你心中充满阳光，

满世界都是温暖；

当你心中充满慈悲，

一切人皆如菩萨。

当你发现世界越来越美好，

那是你找到了打开美丽之门的钥匙。

生活中，不经意间就会遇到一些不顺心的事。

比如计划的事情无法完成，设定的目标无法达到。

如果纠结于结果与现实的差距，就会为烦恼所困。

这时，不妨审视所付出的努力和结果的合理性，

就会豁然开朗。

因为你付出了因上的努力，

果上的成就就让缘来成就。

252

生活难免遇到困难，

每个人都会感觉到困难的存在，

工作太累，学习不易，生活烦琐。

见到困难，说明你在进步；

一片坦途，就是未曾登高。

253

心中的那份善良，

需要我们不断坚持和维护，

哪怕因之而失去一些东西。

坚持人性最基本的品格，

就已经具足高尚的情怀。

254

人的一生，

不存在永恒的靠山；

你最强大的依靠，

就是你的自心和信仰。

依靠着自己的信仰，

内心就会逐渐光明。

当你站在山顶，远山亦是渺小；

当你趴在地面，细沙也能遮眼。

你的眼界开阔了，

自然就不会被琐碎的事烦恼。

而心里只有自我的人，

所见满是缺憾。

256

骨子里有坚强，

言行中有教养，

交往中有包容，

心底里有善良。

每个人心里，

都要有为之坚持的东西，

从而树立起人生的品格。

人要依规矩行事，

不能把规矩看作束缚自由的绳索。

任何身份、任何事业都有自己的规矩，

只有将之融入内心，

才能现于行动，

自觉遵循而不知其在。

那样就是大自在，

而不是束缚。

现在的苦乐，

无非是暂时的戏文。

你的对错，

只在后人的眼中。

现在的苦乐，

无非是暂时的戏文。

且当一场游戏观看，

落幕后，

且看本来面目。

参！

260

当你满怀慈悲时，

人见你不一定慈悲相；

当你满怀智慧时，

人见你往往平庸。

伶俐者未必伶俐，

机巧者皆知机巧。

本来面目示人，

人皆以之为真。

261

谁都明白无常的道理，

但是人们总喜欢在无常里装睡，

抗拒觉醒。

并不是因为害怕醒来的现实，

更多是害怕失去梦中的绚烂。

梦终究会觉醒。

262

我们会对别人产生执着，有爱也有恨。

不是因为我们执着于别人，而是我们执着于自己。

一切对别人的爱与恨都建立在“我”的基础上，

因为“我”，所以要满足“我”的喜欢或憎恶。

放下对“我”的执着，就会放下对他人的爱与恨。

所以要改变周遭，先改变自己。

放下自己所执着的人和事，

需要建立在正确认识基础上的智慧，

还有对生命方向的把握。

有关于生死和解脱的事，固然需要努力去追求，

但对于无关乎解脱的人事和纠纷，只要随缘就行，

能改变的只有自我的认识和态度。

放下烦恼，解脱自己，宽容他人。

264

我们往往容易记得曾经伤害我们的人和事，

但是曾经给予我们帮助和教育的人和事，

却老是记不起来！

归其根本，

我们从内心里认为自己的成长和成绩都是自己该得的，

而自己所受的障碍和困难是别人设置的，

根本在于自我认识的不客观性。

所以要多反观自己，不要总是自以为是。

花瓣，总是不舍地离开春枝；

笋芽，总是脱缰地奔向林梢。

万物都在成、住、坏、空的规律里周而复始。

明知终归于空，

并未拒绝于成，

只要存在就会绽放美丽。

266

不要念念不忘别人的错误，

也不要沾沾自喜自己的收获。

智者自观，愚者观人，

懂得学习的人并非一直坐在课堂，

而是自我观察和审视。

268

放下很难，

因为总有种种希望。

但希望并不一定会成为现实，

希望破灭后就不再是放下，

而是放弃。

放下了，

真正的希望才会出现。

衣食的丰足，

可保持生命的延续，

却无法增加生命的内涵。

精神的丰足，

才是生命的根本追求。

适当的衣食、丰满的内心，

人生无憾。

重复的生活不生厌烦，

新鲜的生活不生奇好。

于一切平淡中见精彩，

于一切新奇中见专注。

只在生活中体悟生命，

不在生活中消磨时光。

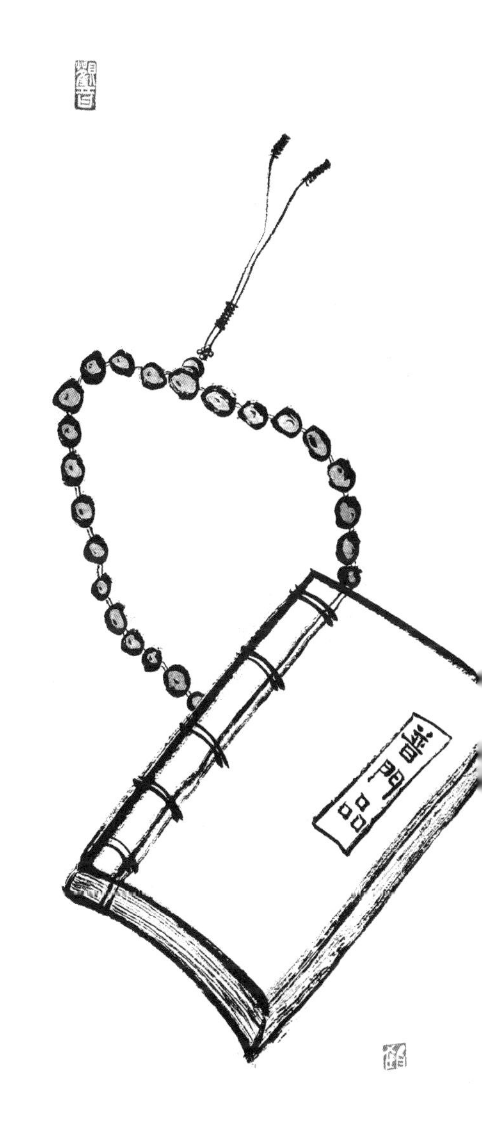
普門品

272

静坐常思己过，

闲谈莫论人非。

不论人非尚且容易做到，

常思己过却很难做到。

最强大的力量，

就是敢于挑战自己的内心，

敢于直面自己的问题。

我们总觉得自己很艰难，

其实大家都不容易，

没有亲身体验别人的生活，

总觉得别人很轻松。

生活中，

多一点理解和宽容，

前面的路会好走很多。

274

我们无法改变过去，

但是可以改变未来。

过去的，

已成定局，

与其沉溺于懊恼，

不如在当下努力，

每一分努力都会有收获。

不要执着于现在的好坏，

包括一切人和事，

所遇到的境界和所处的环境。

安下心来，做好眼前的事，

一切都会随着时间的改变而改变。

眼前的事都无法做好，何必去预定未来的结果。

欲知将来，但看眼前。

当你遇到一些不顺心的事时，

经常会想象成有人在故意给你设置障碍或者恶意作弄你，

这样你所处的境界永远无法改变。

无论遇到怎样好的环境，

都会觉得有一双恶意的眼睛在背后偷窥。

这样生活会很痛苦，更使自己整天生活在烦恼当中。

其实世界根本没有那么多恶意的人，

一切阴影都来源于自心。

277

坏心情生起的时候，要明明白白地看到。

因为坏心情会扰乱我们的理智，阻碍正常的思维，

从而做出错误的决定。

当我们观察到自己的坏心情时，要用正确的观念去思维，

或用慈悲，或用不净，或用因缘。

这样坏心情才不会像火一样燃烧开来，渐渐就平静了。

所谓功夫，就是对自己心的明了，对自己情绪的掌握。

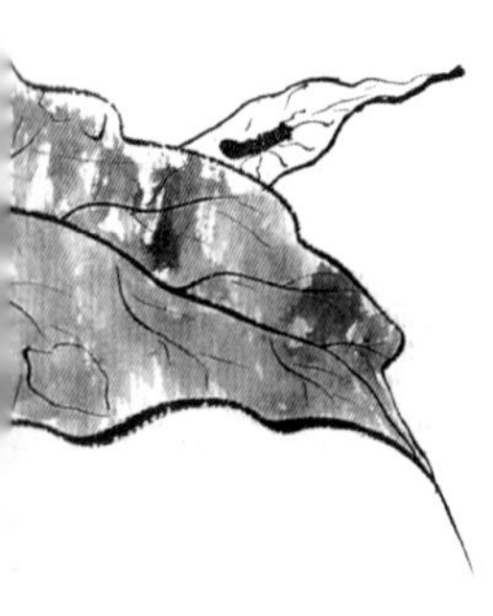

每个人都有不足，互相宽容；

每个人都有困难，互相帮助；

每个人都有苦处，互相体谅。

个人是无法完美的，

只有大众和合才能臻于至善。

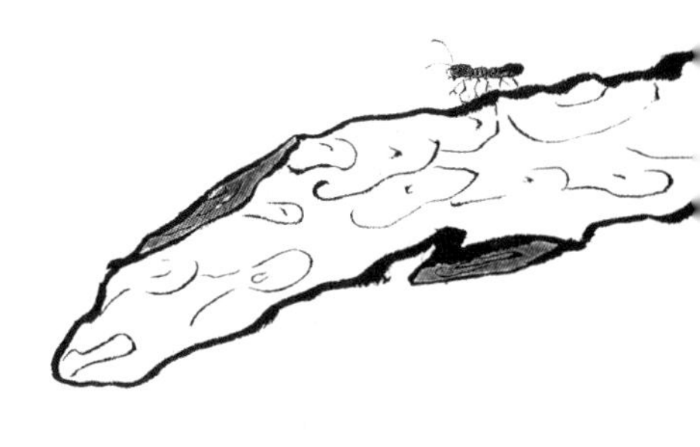

当我们遇到困难时，

不要责怪命运和社会，

问题只在我们自身。

从自己本身去分析和解决问题，

任何环境我们都能适应。

280

每一份心底的功夫，

都是为了让心里发出最柔和的光，

照亮人生的路。

人的品德，来源于自身的学习和自我的反思。

自身学习的提升，以充实自我认识，

对世事和自我了解的深入，

会使我们的思维不断开阔，

从而全方位认识世间。

对自我进行反思，以发现自身的差距，

以更高要求来勉励自己，从而不断提升自身修养。

学识与行动的一致才是品德的升华。

282

心平才能身安，

心若向阳便是晴天。

心的安止，

就是经历一切时，

都能坦然面对。

勇敢经历该经历的，

积极面对该面对的，

所有汗水都是生命的沃土。

当我们面对孤独，

面对寂静时，

观察自己的心，

是否被过去的习惯牵引。

我们容易在习惯中认可自己，

却很难在突破习惯中认识自己。

放下既有的喜好，

重新审视自己的念头。

284

要经常观察无常，

我们所拥有的名誉、地位、财富，乃至环境，

甚至身体都是无常的，一刻不停地变化着。

拥有时，好好珍惜，好好使之成为解脱之缘；

失去时，正好破除我们的执着，正念无常。

不光这些，烦恼、痛苦、障碍也是无常的，

把心安住下来，很快就过去了。

285

修行要容忍别人的错误和看到别人的优点。

别人的错，我若有，正改之；

我若无，要防之。

可劝者，要谏之；

不纳者，但随之。

别人超越我，随喜之；

我不及，奋起之。

能容众流方为海，可植万木始作峰。

286

人间的美好，

不来自完美无缺的结果，

而在于坎坷不平的过程。

正因为种种苦难经历，

才能成就人间无畏的品格。

时间给予我们的预留并不是很多，
人生的这一次来临，一般只有七八十年的时间。
我们要花四分之一的时间去完成身体的成长，
四分之一的时间完成知识的累积，花四分之一的时间完成
能贡献和服务别人的也最多只有四分之一。
因此，不容我们浪费和徘徊。
如果我们还将时间用在人我是非、虚名妄想、争权夺利上，
我们拿多少时间来自我觉醒和自我思维？
所以不要再浪费时间在无谓的地方了。
停下念头，审视自己。

无常，

是生命的真相，

一切事相都不永久存在，

也不会一成不变。

懂得了事相的无常，

我们更应该珍惜和努力，

因为曲折和困难同样无常，

这样才未来可期。

290

我们要有前进的勇气，

也要有后退的从容。

前进才能看到未见的风光。

退后才能审视从前的步履。

一切都是生命的光亮，照亮心里的暗淡。

没有什么是不可以放下的，

就看是否有刻骨的认知。

当人的认知达到一定程度，

对人和事的感受就截然不同。

所以，千万不要觉得眼前有过不去的坎，

对于时间来说，

一切都微不足道。

293

我们每个人心中都有最美好的东西，

自以为美的，

以及美于人的。

能自得其美，

则不畏于苦难；

能美于人，

则能施乐于人。

善友为依。修道人以善友为策进，

故而须择同学伴侣以互相砥砺。

择友莫以利，须以义。

以利择友，无利不交，利去即绝，纵然有利可图，

亦无真实情谊，互相谋划利用而已。

以义择友，无义不交，交则有益，互相砥砺，如琢如磨，

此种方为善友，须珍惜爱护，道业可互为增长。

以切磋之谊取友，则学问日益精进。

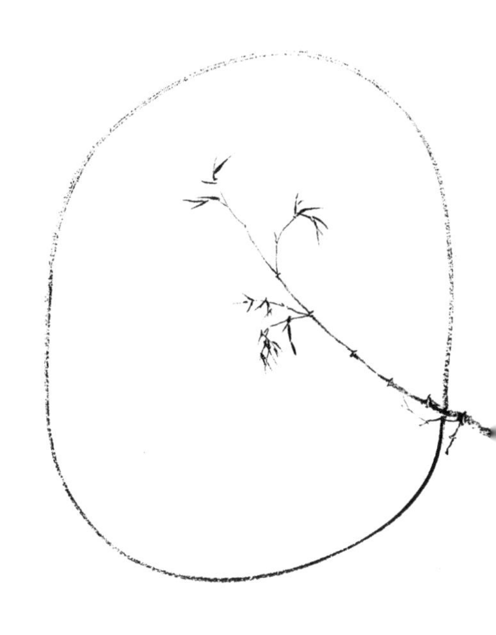

天上的月有阴晴圆缺，

如同人事总有不完满的地方。

但是我们要寻求究竟的圆满，就要寻觅自性之月。

各人本性不受尘劳所累，常自惺惺，

若能见得自性，则月常圆，天常明。

所以借着世间有为之法，时时回归自性。

自性圆明时，日日是中秋。

296

说话做事都要给自己和别人留有余地，

话不能说绝，事不可做满。

我们往往执着于自己的认识，

而在言语行为上凸显自我。

言语上留给别人思考的余地，

世事上留给别人作为的空间，

或许他人做得会比我们更好。

各人清净的内心，

就是自己最好的道场。

一切修行，

都在庄严这个道场。

外境的庄严，

同样是为了熏习内心。

事理双融，内外兼修，

才能柔软我们坚固的内心。

298

心量大，眼界就大。

日常因为别人一句话或一个眼神，自己纠结于心，

总是觉得那人是恶意针对自己。

这样的思维会使自己陷入恶缘的环境。

把心放开，不再执着于别人的眼光，

即使是真有恶缘，于自身亦成增上。

这是以自己的心去转变周遭的环境。

遇到误解不需要太多解释，

因为你所做的事不是为了某个人，

也不是为了得到别人的赞誉。

信任你的人根本无须解释，

不信任你的人解释也不会信任。

工作往往是辛苦的，结果往往是残酷的，

那就放下对结果的预计和幻想，好好努力。

是非以不辩为解脱。

300

人生的经历有很多，

无论喜怒哀乐、悲欢离合，

都要从经历中找到自己，

给自己安定的地方。

一切经历都是人生成长的必需，

智慧只会在每一次思考中升华。

301

把一件简单的事做精了，就是专注。

样样都懂一点，样样不精，最后一事无成。

说起来，似乎能力很强，什么都会，

一旦实际操作，漏洞百出。

我们社会需要的就是专注者，

简单的工作一干几十年，

并不断用智慧去提升，这是匠人的精神。

当周遭的人学习有进步，工作有成绩，修行有成就时，

我们都要真心赞叹和随喜，

同时也要不断鞭策自己，见贤思齐。

这是真心向道者的用心。

如果以狭隘心嫉妒、仇视甚至诋毁，

那么与自身不但无益，反而阻碍了自己的进步。

一切人皆可为师。

通过修行，

我们不一定会懂得很多大道理，

只是不会纠缠于矛盾。

我们也不一定会结识很多投缘的人，

只是懂得了接纳。

我们不一定要期待和谁相遇，

相遇的也不一定是所期待的，

心里有了那份期许，

所有的牵绊由此而生。

遇见即良缘，

只要好好珍惜，

此生无悔遇见。

智慧的人生，

是脱离自我情绪的控制，

直达人生的本来。

不一定有美丽的外衣，

但一定有坚韧的内心。

能在一切境遇中，

找到自我安住的地方。

306

勤于思考，必有智慧。

思考，

不是胡思乱想，

而是有次第地思维。

通过依法思维，

才会不断增进认知，增进感悟，增进信心。

生活中，从来都不曾缺少挫折，

有的人在挫折前屈服，

有的人则在挫折前成长。

一旦屈服，挫折就会越来越多。

以勇气和智慧面对，

挫折就是最好的老师。

学会自律，不是在人前能克制自己的念头和行为，

关键是独处的时候，能保持高度的谨慎，如同人前一样。

《礼记·中庸》：

“道也者，不可须臾离也；可离，非道也。”

道是要时刻保持的自律，

一刻不能松懈，能放松的就不是道。

君子慎独，不欺暗室。

310

修行，

不是为了超越别人，而是为了见到自己。

可以不直面自己的本来，因为那不一定完美；

但是必须面对他人，因为他人总比你完美。

修行让我不惧不畏，因为那才是真实。

温故知新，可以为师。

——蕅益大师示新枝

经典，今天读与昨天读，体会不一样，

明天读又与今天不一样。

所以我们要不断地复习自己所学的知识，

只有不断实践，才能不断体悟。

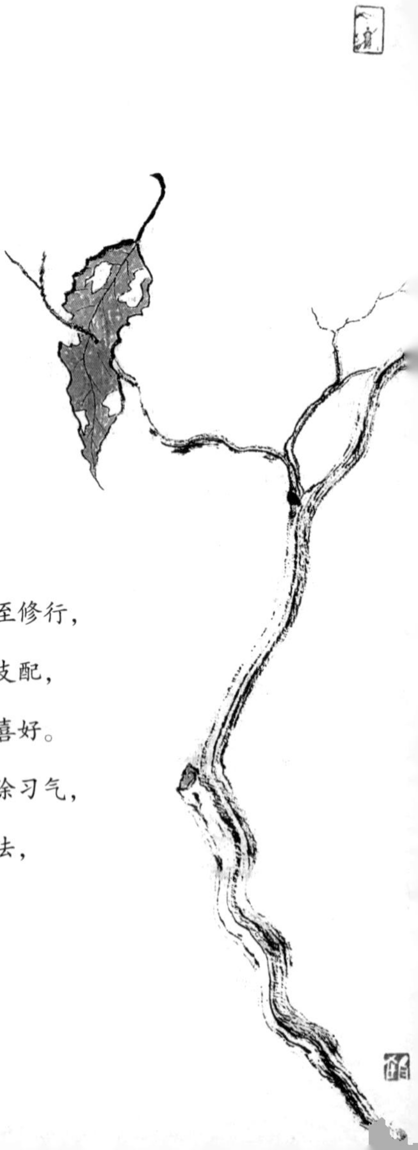

312

我们做事、思维，甚至修行，

往往受我们的习气所支配，

都希望满足于个人的喜好。

而修行却是要我们革除习气，

直面自己，是人依于法，

而不是法依于人。

得意勿恣意奢侈，失意勿抑郁失措。

——蕅益大师示养德

保持平和心态，

遇到顺境时，

要感恩他人的成就，

不能得意忘形，要思更进一步；

遇到逆境时，

不能灰心丧志，要思反省己心。

314

再平淡的生活，

也会有美丽的涟漪，

哪怕简单的一次体悟，

都是生命的浪花。

我们要做的，

就是在生命中不断地积累和体验。

315

生活越是艰难和困苦，越是要感恩。

因为有了艰难，才有机会体悟苦，

思维苦之因，寻求出离苦之道。

所以不要拒绝逆境，而要正确观察和思维，

并借着逆境来提升心的力量。

316

不要在意无谓的争论，内心充裕的人，

永远不会从外在事物中寻求自己的定位。

所以多寻求自我心里的财富，

无论遇到什么境界，都是一个充满喜悦的人。

每一个人都是独立的个体，

有各自的因缘，

好好珍惜自己的缘，

努力释放各自的光彩，

这样才会成就璀璨的世界。

如同天上的星星，各自闪耀，众成璀璨。

318

时刻保持高度的自觉和自律，

无论在什么境界，

都要有清晰的觉知，

对善恶境界明明了了，

守持心念不使流转。

心念稳固了，色身才会安隐。

随缘，不是随俗，也不是随便，

而是在坚定的信念下随顺于外境的变化。

无论顺缘、逆缘，都要安心接纳。

若遇顺缘，实时感恩与珍惜；

若遇逆缘，积极面对，以逆为进。

320

欲得自在，先须自律。

只有自律严谨，才能不犯秋毫，

亦能行动有节。

行动有节，不涉国法、戒规，

一切规约制度、律法条章，

不守而守，自然身心自在。

多一点宽容和理解，

让人间能感受到温暖，

让自己能充满欢喜，

在人生的道路上，不至于寒冷。

每个人，

生活都不容易，

多一点宽容和理解，

让人间能感受到温暖，

让自己能充满欢喜，

在人生的道路上，不至于寒冷。

把时间和精力放在学习上，就会增进智慧。

把时间和精力放在修行上，就会增进道德。

把时间和精力放在利他上，就会增进慈悲。

把时间和精力放在是非上，就会增进烦恼。

把时间和精力放在名利上，就会增进挂碍。

把时间和精力放在游戏上，就会增进轮回。

物尽其用是谓惜福。

物质世界是保持在一定的平衡度上的。

当我们向自然索取时，就要反馈于自然；

不然，自然失去平衡，果报还是在自身。

所以对物质世界的珍惜爱护非常重要。

这是自然赋予人的福，我们要好好珍惜。

我们往往为了追寻生活的快乐，

不断地添加东西，

于是为了得到增加的东西，

反而失去了生活的快乐。

真正的快乐，

是身心的安然，

这份快乐只有付出才有所得。

326

每个人的内心，

只有自己才能安顿。

他人的教授，

仅仅是他人的经验。

当我们通过摸索找到了自己的方向，

才会明白别人所说的意义。

心中的每一个念头，

都是前尘的影照，

虽然以前未曾审视过，

却一直没有消失。

看似久远的事，

只要境界与之契合，

犹在眼前。

防护己心何其重要！

持戒是对自己身心的磨炼和规范，

要从思想、行为、言语统一调整。

每人个体都有自己妄想心上的主观意识，

戒律使之规范于统一的思想认识上；

也有各自的行为习惯，戒律使之规范于团体统一标准之下；

更有不同的语言风格，戒律使之规范于和谐氛围之中。

所以一个团体的整合，必依戒律！

329

慈悲是以平等为根本基础，

以智慧为基本保障。

因为众生平等，所以要以他身为己身。

慈悲若无智慧，

非为大慈，非为大悲。

故而真慈悲者必具智慧，

真智慧者必行慈悲。

330

我们要承受他人无法承受的苦，

经历他人无法经历的磨炼，

但我们仍然欢喜，

因为有信仰的人生是没有什么可以摧毁的。

我们明白幸福都是汗水换来的，

努力必定成功。

331

任何一个人，

都无法单独存在，

对其他生命的关爱，

就是对自己最好的尊重。

把对自己的爱，

推之对一切生命的尊重，

这是慈悲。

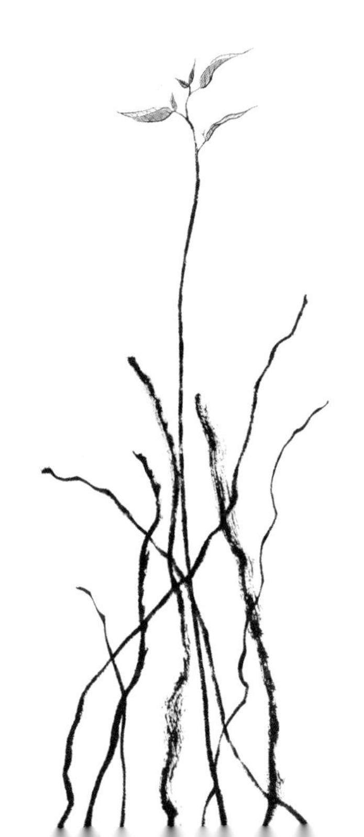

332

能改变自己的只有自己，

好好守住初心，不断努力学习，及时反省，

如法调适自己的心。

这样就会把自己变得越来越好。

如果一味随着自己原有想法，

只会把自己固定在原有格式。

格物致知，就是要把自己塑造成符合法则的人。

333

通过时时地觉照，

明了自己的内心，

清楚每一个念头的起灭，

这样内心才会强大。

可以脱离妄想的纠缠，

照破迷茫的黑暗，

从而获得恬淡的人生。

334

理想一旦建立，

就不要随意更换，

需要朝着它不断努力。

终有一日，

理想即成现实。

酸甜苦辣，

是人生本有的滋味；

悲欢离合，

是人生真实的境遇。

在种种境遇中去经历，

去感知，

才不会在人生中迷失自己。

越忙的时候，越要保持冷静。

当我们急于处理事情的时候，

思想问题往往会简单直接，

这时做出的决定总是比较片面的。

因此，定力在境界中才会体现出来。

338

嫉妒心，产生于对自己的不自信和缺点。

积极的人会正视缺点，从而努力弥补。

而嫉妒心强烈的人，不但不去弥补，

反而以种种方式，

试图认可缺点，久而久之，

缺点就会越来越多。

关键要生起自我进步的足够信心。

自己的成功不要沾沾自喜，

他人的失败也不要幸灾乐祸。

从成功中看到危机，

从失败中看到生机。

完美的人生就是经历种种失败与成功，

最终走向圆满。

340

一个人的成功与否，

不在于自我陶醉，

而在于对他人的作用。

也许现在看来是毫无意义的付出，

只要心怀他人，

无论能量大小，

都是不朽的传奇。

宁静的生活中，

要去体悟宁静的喜乐，

只有静下来，

才有机会感知自己内心的世界。

如果害怕安静，

那只能说明你害怕看到真实的自己。

342

读书的目的，

不在于将来的某个时刻，

它会变成物质财富。

而在于你所读的每一本书，

都会在以后的生命里陪伴着你。

当你最需要的时候，

它会默默滋养着你。

少出门，多读书。

敬畏生命，

尊重自然，

人类与自然是一个共同体。

保持相对的平衡和距离，

则能和合共生；

过度侵占与掠夺，

则会互相伤害。

绿水青山的意义在于人类的生存和发展。

不念过去，不念未来，

专念现前一句；

不求一心，不断妄想，

只要字句分明。

念念分明，即是相应。

自律愈严，待人愈谦。

因为懂得，所以谦卑。

外在的威势掩盖的往往是内心的空白，

用每一个时间的间隙，

来充实自己的内心，

收获的将是满满的人生。

待在狭迫的空间久了，难受吗？

难受，

说明你的心已经不在当下了，

幻想外面世界种种可能的美好，

急欲体验身心的快乐。

找到当下的幸福，

空间的大小已经不重要了。

347

当生命有所托付时，

更要加强自我觉醒。

你所托付的和托付你的，

都有无形的责任，

如果没有自我的觉醒与观照，

就会辜负付托。

自觉、自律、自强，

方能久远于人生。

348

无常，就是变化。一切事物都在不断地变化中，

这种变化时刻不停，念念迁流。

万物的成长与衰败，四季的更替，心念的流转，

都是无常的体现。

我们无法停止物质世界的无常，所以要顺应法则。

我们可以在心念流转中体悟到不随流转的本性，

所以要究其本源。

禁足是对人身心的考验，

把心安住了，

再狭隘的环境也能安稳自在。

安住当下，

明天必定更加美好！

350

我们不希望灾难的来临，

但是来了也不必恐慌。

有大众的力量作为支撑，

心里有安顿的地方，

灾难也会转化成我们成长的过程。

心想着远方，

前面就是光明。

351

鄙视犯了错的人，

就是心中的盲目自傲在作祟。

对任何人的歧视和不屑，

似乎在标榜自我的高傲和尊贵，

其实恰恰暴露了无知与短见。

能容人者，必荣于人。

352

经历病痛，才知健康的可贵；

经历分离，才知团聚的可贵；

经历灾难，才知大众的可贵。

把他人的苦难，

视同己身，

比自己经历还要可贵。

人的烦恼，都是起于自我对外境的执着。

若能放下自我，就能放下烦恼。

当心念足够强大时，

谁也不能让你生起烦恼，

当然同样谁也无法解脱你的烦恼，

除了自己的努力。

355

众处时防口，独处时防心。

当人的身体静止下来时，

更要看护好自己的心，

使之安住于正思维中，

观察自己的心念起灭。

一旦心念涣散，则焦虑、恐惧。

356

做任何事，

很难让所有人都赞同、肯定。

各人角度、想法不一样，

对事物的判断也不同。

做好自己的事，

而不是拿自己的标准衡量别人。

任何时候开始学习，

都为时不晚。

一旦放弃了学习，

生命就在等待终点。

我们要学的除了知识，

更多的是生命的意义。

358

有智慧的人，不会和别人去争辩，

静静地听别人阐述观点，觉得有用的记在心里，

觉得无用的抛在脑后。

当别人反驳你的观点时，笑笑就好。

人家认为对的，自然会认同；

人家不认可的，解释已是多余。

人不需要天下尽友，真是知己，一二足矣！

心的温度最能暖人，

所有言语都显苍白。

心里的关怀，

虽然不如言语直接，

但是远比言语透彻，

无论是否感知，

都能默默地温暖着他人。

人生没有演习，每时每刻只有充分准备，

仔细面对，才能尽可能地减少失误。

好好把握每一个念头，使之不离于法、

不悖于德，并以解脱为根本目标，

人生才能逐渐圆满。

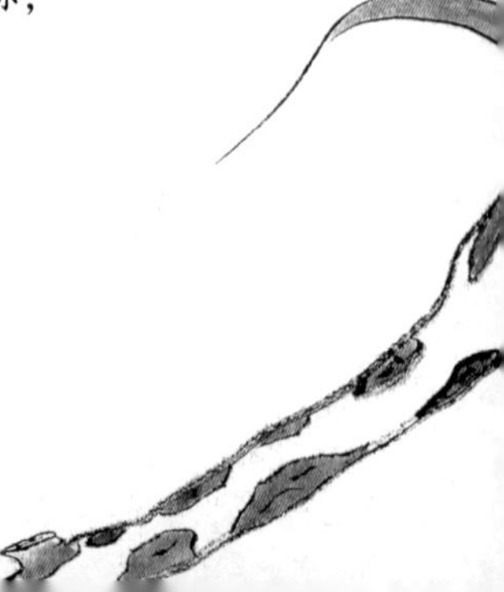

聪明和智慧的区别：

一是聪明人比较尖刻，智慧人比较平和。

二是聪明人喜欢说，智慧人喜欢听。

三是聪明人会随时显示自己的聪明，

智慧人会随时让别人显示自己的聪明。

四是聪明人喜欢赚小便宜，智慧人喜欢给予。

五是聪明人喜欢投机取巧，智慧人喜欢脚踏实地。

六是聪明人容易走极端，智慧人倾向于寻找矛盾中的平衡。

362

历史，不是让我们沉浸其中聊以慰藉，

而是要对照现在，发奋图强。

发扬其精神，守持其气概，以图现之行持。

不忘历史，不畏将来，不负现在！

究其三心，皆自一心，心若明朗，三即是一。

我们生起的每一念善恶，

都会像种子一样扎根于心田，

待因缘成熟，即发生作用。

善的，助成于善业；恶的，助成于恶业。

所以，要尽量明了自己的念头，

不要让它肆意横行！

365

要在修行上有所成就，

必须以大众共住为基础，

在大众中磨炼心性，培植福报。

待根基稳固后，

独居、闭关方能不乱方寸，有所成就。

大众熏修希胜进。

366

修行不是喝喝茶、弹弹琴、焚焚香，完了发发朋友圈。

这些表象的东西如果太过于执着，

会逐步侵夺了修行的本质。

修行必须以刻苦的身体和心念的练习为基础。

所谓行住坐卧都是禅，那也是心地明了之后的境界。

所以若无用过死功夫，一切禅乐都是假的。

367

人要欢喜地面对每一天，

无论遇到多大的困难，

除了欢喜地接纳和认真地对待，

没有其他更好的办法。

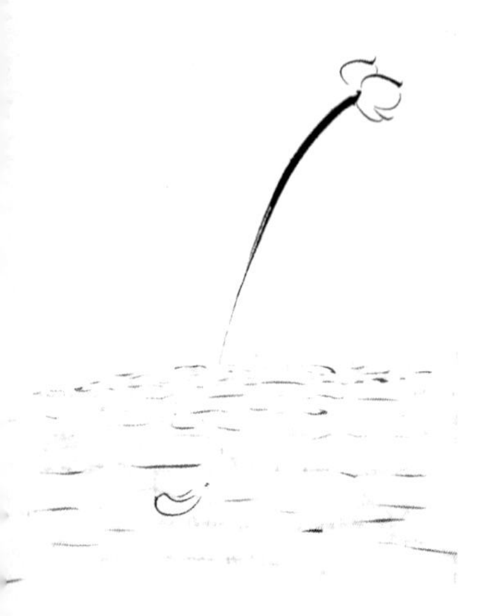

368

学习和修行一样，越急于求成，

心中念头就越杂乱，就越不易成功。

找准目标，掌握方法，按部就班地下功夫，

自然而然就会有善果成熟。